# 面向软件定义芯片通用的算子恢复技术

吴伟峰　编著

上海科学技术出版社

**图书在版编目（CIP）数据**

面向软件定义芯片通用的算子恢复技术 / 吴伟峰编著. -- 上海：上海科学技术出版社，2024.10.
ISBN 978-7-5478-6808-9

Ⅰ．TN43-39

中国国家版本馆CIP数据核字第2024FY0828号

面向软件定义芯片通用的算子恢复技术
吴伟峰　编著

上海世纪出版(集团)有限公司　出版、发行
上海科学技术出版社
(上海市闵行区号景路159弄A座9F-10F)
邮政编码 201101　　www.sstp.cn
常熟市华顺印刷有限公司印刷
开本 787×1092　1/16　印张 16.25
字数 275 千字
2024 年 10 月第 1 版　2024 年 10 月第 1 次印刷
ISBN 978-7-5478-6808-9/TP·94
定价：79.00 元

本书如有缺页、错装或坏损等严重质量问题，请向印刷厂联系调换

# 序

  自 2019 年美国对华为等中国科技企业实施芯片出口限制开始，到 2024 年 5 月美国对华芯片出口限制加剧，中美贸易争端愈演愈烈。但从长远看，半导体产业的全球一体化是相互依存的。中国应该在某些领域力争全球领先，以尽快形成与国际市场平等对话的自信与底气。

  摩尔定律自 2000 年开始逐渐失效，同时由 Robert Dennard 给出的登纳德缩放比例定律已在 2012 年彻底失效，借助新工艺不断提升芯片性能的时代即将终结。大量的额外计算开销意味着计算效率低，难以有效利用新工艺提供的计算能力，新型计算芯片架构设计已经是迫在眉睫的任务。软件定义芯片概念的诞生顺应了牧村次夫提出的"牧村浪潮"与许居衍院士的循环预测中的 2018—2028 年的发展趋势，它是通用可编程计算概念的进一步发展：从 CPU 的软件编程到 FPGA 的硬件编程，最后到软件定义芯片——未来芯片设计的主流趋势。软件定义芯片技术以动态可重构计算技术为核心，通过智能地改变硬件来适应不断变化的软件需求，从而在能量效率、功能灵活性、设计敏捷性、硬件安全性和芯片可靠性等关键指标上拥有绝对综合优势。

  从芯片设计开始，到最终将芯片应用于各种运算场景，这是一个繁杂且艰辛的过程，大致阶段包括：芯片设计、芯片制作、封装测试、操作系统适配、驱动开发、编程模型设计、编译系统研发等。硬件架构、编程模型和编译系统是软件定义芯片需要重点研究的关键部分。面对多领域应用的差异化需求，在以数据为中心的整体发展趋势下，硬件模型是影响能量效率的根本因素，通过提升重构速度和降低资源空闲来提高能效；以数据为中心的编程范式可以提升硬件的可编程性，降低开发难度；编译系统是连接硬件模型和编程范式的桥梁。一套硬件能吸引大量用户投入精力去开发软件的一个必要条件是硬件支持的软件需向前兼容。一个优秀的编译系统应可以在不过多地影响程序员生产力的条件下，有效地挖掘软件定义芯片的硬件潜能，为用户提供更加方便且高效地使用芯片硬件资源的方法。

软件定义的技术本质是"基础资源虚拟化"和"管理任务可编程"。将底层基础设施资源进行虚拟化，通过某种方式实现灵活可定制的资源管理，软件定义芯片的虚拟化是一个有待开发的研究领域。面对软件和硬件在细节抽象上存在的巨大差异，为探索一条提高软件定义芯片的易用性和计算效率的有效途径，吴伟峰博士及团队基于对指令选择技术的深入研究和过硬的逆向思维素养，设计研发出一套通用的算子恢复技术，为高级语言程序和芯片硬件架起一座通用且能实现高效沟通的桥梁。给出的通用算子恢复技术可作为虚拟化流程中的一个环节，为软件定义芯片的落地应用提供有力的技术支撑。

本书学术思想新颖，内容具体实用，对软件定义芯片的发展和落地具有积极的推动作用。该书的出版可满足从事软件定义芯片配套编译系统研发人员的迫切需要，同时对相关研究人员和工程技术人员亦有重要的参考价值。

清华大学集成电路学院教授

2024 年 5 月

# 前　　言

随着现代社会向数字化、自动化、智能化的方向转型发展,人们对计算服务的需求与日俱增。近半个世纪以来,集成电路工艺技术的进步是提高计算结构能力的主要措施之一,随着摩尔定律和登纳德缩放比例定律放缓甚至走向终结,此方法正在逐渐失效。

众所周知,功耗墙问题的出现使得集成电路的功耗约束在许多应用中变得更加严格。集成电路工艺进步带来的性能收益越来越小,这使得硬件架构可实现的计算能力受到严重限制。因此,计算机架构设计师不得不将注意力从性能转移到能效上;计算电路的灵活性也成为不容忽视的设计考虑要素。

随着新兴应用不断涌现、用户需求持续增加、科技能力快速进步以及软件升级越来越快,不能适应软件变化的硬件实现形式将面临生命周期过短和一次性工程成本过高的难题。效率、灵活性和易用性已成为新硬件架构设计中三个最关键的评价指标。

对于主流计算架构,满足这些新需求极具挑战性。专用集成电路(Application Specific Integrated Circuit,ASIC)能效虽高,但不具备灵活性;而冯·诺依曼处理器,如通用处理器(General Purpose Processor,GPP)、图形处理单元(Graphics Processing Unit,GPU)、数字信号处理器(Digital Signal Processor,DSP)虽足够灵活,但能效太低。现场可编程逻辑门阵列(Field Programmable Gate Array,FPGA)因具备定制实现大规模数字逻辑、快速完成产品定型等能力而被广为使用,在通信、网络、航天、国防等领域拥有牢固的重要地位。因其单比特编程粒度、静态配置等本征属性造成了能量效率低、容量受限、使用门槛高等问题,无法满足不断提高的应用需求。近年来,通过采用扩大硬件规模、异构计算、高级语言编程等方法，FPGA进行了持续的技术升级，但受其本征属性限制，上述问题始终未能从根本上得到解决。如果FPGA的基础架构不发生根本性的改变，其未来将充满重重困难。

软件定义芯片采用以粗粒度为主的混合编程粒度与动态配置相结合的方式，可以从根本上解决以上制约FPGA发展的技术难题，并同时满足能效和灵活性的需求。混合编程粒度能大幅减小资源冗余，提升芯片能效；动态配置通过时分复用能摆脱承载容量的限制，与高级语言配合可提高芯片的可编程性、降低使用门槛。

软件定义芯片已成为世界强国战略必争的科研高地。2018年，美国国防高级研究计划局(Defense Advanced Research Projects Agency, DARPA)为启动"电子振兴计划"斥资7 100万美元，组织全美最强力量，开展了对软件定义芯片的联合攻关。欧盟推出的"地平线2020"也对该方向给予高度的重视和持续的研发支持。

编程语言正朝着更高层次、更为抽象的表达方式演进；硬件体系结构却向更加复杂的方向发展。随着应用程序和硬件之间的抽象差距越来越大，编译器在自动利用硬件资源以实现最佳性能方面变得越来越捉襟见肘。多数人习惯于串行化思维模式，高级语言通常描述的是串行执行过程，软件研发人员使用高级语言编程时效率更高。如何让不了解硬件设计的软件人员采用纯软件思维就能对软件定义芯片进行高效编程，以降低使用门槛、拓展使用范围、加快应用的迭代与部署速度，即提高软件定义芯片的易用性，不仅是一项艰巨的挑战，也是一个亟待解决的问题。

软件定义芯片的功能，最终要靠程序员编写的软件来实现。一套硬件能否吸引大量用户投入精力去开发软件的一个必要条件是硬件支持的软件需向前兼容，即用户之前编写的软件能比较方便地在新的芯片上正确运行。一个优秀的编译系统可以在不过多地影响程序员生产力的条件下，有效地挖掘软件定义芯片的硬件潜能，为用户提供更加方便且高效地使用芯片硬件资源的方法。

面对软件和硬件在细节抽象上存在的巨大差异,为探索一条提高软件定义芯片的易用性和计算效率的有效途径,本书提出一套通用的算子恢复技术,为高级语言程序和芯片硬件架起一座通用且能实现高效沟通的桥梁。可有效解决块际指令、多输出指令及循环控制等传统方法难以处理的问题。

本书首先系统地介绍了计算架构发展的历程、软件定义芯片的概念及需要重点研究的关键问题。第二章介绍基于 LLVM 开发的研究平台。第三章系统地介绍编译领域的指令选择技术,基于模式匹配、模式选择两大维度及树全覆盖、DAG 全覆盖和图全覆盖三大策略对多种技术进行深入阐述,为通用算子恢复技术的提出赋予了基础理论的支撑。第四章详细介绍通用算子恢复技术,基于图匹配技术、最优化原理(Principle of Optimality,PO)方法和软件逆向(Software Reverse,SR)思维将细粒度的通用操作集恢复成粗粒度的芯片算子操作,为增强软件定义芯片的编程效率和计算效率提供一套可行方案。第五章基于通用算子恢复技术及配套算法给出通用算子恢复系统的工程实现核心代码,并对代码进行详细的分析介绍。第六章对面向软件定义芯片通用的算子恢复技术及恢复系统进行总结,并展望了提高软件定义芯片易用性、计算效率和灵活性的发展趋势。

本书是基于笔者在清华大学移动计算研究中心从事的科学研究工作而撰写的,在写作过程中,朱建峰博士、王婷博士和博士生张泰然给予了诸多宝贵建议和帮助。在此对他们表示衷心的感谢! 最后,特别感谢我的妻子关霞,没有她在背后默默的支持和鼓励,本书绝没有面世的可能。

限于笔者时间和水平均有限,书中定然存在一些不足之处,敬请读者不吝指正。

吴伟峰

2024 年 3 月于清华园

# 目　　录

**第 1 章　软件定义芯片** ............................................. 1
　1.1　概述 ............................................................. 1
　　1.1.1　计算架构发展历程 ........................................... 1
　　1.1.2　软件定义芯片简介 ........................................... 3
　1.2　重点研究方向 ..................................................... 6
　　1.2.1　硬件架构与高效性 ........................................... 7
　　1.2.2　编程模型与灵活性 ........................................... 8
　　1.2.3　编译框架与易用性 ........................................... 9
　参考文献 ............................................................. 11

**第 2 章　基于 LLVM 的研发平台** ................................... 14
　2.1　LLVM 介绍 ....................................................... 14
　　2.1.1　经典编译器设计概览 ........................................ 16
　　2.1.2　现有实践 .................................................. 17
　　2.1.3　LLVM 中间码 ............................................... 18
　　2.1.4　LLVM 三段式设计 ........................................... 19
　　2.1.5　模块化设计附带闪点 ........................................ 23
　2.2　研发平台介绍 .................................................... 24
　　2.2.1　CMake 构建选项 ............................................ 24
　　2.2.2　循环体 DFG 图生成 ......................................... 25
　2.3　限制 ............................................................ 27
　参考文献 ............................................................ 27

## 第 3 章 指令选择技术 … 28
### 3.1 概述 … 29
- 3.1.1 指令选择介绍 … 29
- 3.1.2 机器指令特征 … 32
- 3.1.3 最优指令选择 … 34
- 3.1.4 指令选择的早期发展 … 35
- 3.1.5 相关知识及定义 … 36
- 3.1.6 指令选择的基础分类 … 40
- 3.1.7 指令选择的归质任务划分 … 49

### 3.2 技术介绍 … 49
- 3.2.1 初级技术 … 49
- 3.2.2 模式匹配 … 52
- 3.2.3 模式选择 … 68

### 3.3 展望 … 83
- 3.3.1 待研究主题 … 83
- 3.3.2 挑战 … 84

参考文献 … 85

## 第 4 章 通用算子恢复技术 … 97
### 4.1 提高软件定义芯片易用性的相关技术 … 97
### 4.2 算子恢复技术的引入 … 98
### 4.3 软件定义芯片通用算子恢复系统 … 99
- 4.3.1 软件定义芯片抽象算子 … 100
- 4.3.2 通用算子恢复系统的输入 … 106
- 4.3.3 算子基本模板图匹配 … 117
- 4.3.4 算子聚合 … 126
- 4.3.5 算子选择 … 127
- 4.3.6 算子生成 … 131
- 4.3.7 复杂度分析 … 132

　　　　4.3.8　总结 ........................................................ 135
　参考文献 ................................................................ 135

# 第5章　通用算子恢复系统实现 ............................................ 136
## 5.1　DFG 图数据结构 ..................................................... 136
　　5.1.1　结点操作码定义 .................................................. 136
　　5.1.2　结点数据结构 .................................................... 138
　　5.1.3　边数据结构 ...................................................... 139
　　5.1.4　图数据结构 ...................................................... 140
## 5.2　算子基本模板库工程示例 ............................................. 140
　　5.2.1　DOT 语言 ........................................................ 141
　　5.2.2　算子基本模板工程示例 ............................................ 142
## 5.3　图匹配优先级序列工程示例 ........................................... 147
## 5.4　算子聚合模板库工程示例 ............................................. 148
　　5.4.1　AU 算子聚合模板 ................................................. 151
　　5.4.2　二级 LU 算子聚合模板 ............................................ 155
　　5.4.3　三级 LU 算子聚合模板 ............................................ 159
　　5.4.4　SU 模式一算子聚合模板 ........................................... 179
　　5.4.5　SU 模式二算子聚合模板 ........................................... 180
　　5.4.6　SU 模式三算子聚合模板 ........................................... 183
## 5.5　算子基本模板库图匹配工程示例 ....................................... 190
　　5.5.1　算子基本模板匹配总控函数 ........................................ 190
　　5.5.2　算子基本模板匹配函数 ............................................ 191
　　5.5.3　结点匹配函数 .................................................... 193
　　5.5.4　结点向上匹配函数 ................................................ 198
　　5.5.5　基本算子恢复函数 ................................................ 199
## 5.6　算子聚合工程示例 ................................................... 203
　　5.6.1　LU 算子抽象转换函数 ............................................. 204
　　5.6.2　算子聚合模板匹配总控函数 ........................................ 205

5.6.3　算子聚合模板匹配函数 ･･････････ 207
　　5.6.4　LU抽象算子还原函数 ･･････････ 215
5.7　算子选择工程示例 ･･････････ 216
5.8　算子生成工程示例 ･･････････ 224
参考文献 ･･････････ 238

## 第6章　结语与展望 ･･････････ 239
6.1　结语 ･･････････ 239
6.2　展望 ･･････････ 239
　　6.2.1　软件定义芯片的虚拟化 ･･････････ 240
　　6.2.2　利用机器学习进行在线训练 ･･････････ 241
参考文献 ･･････････ 243

**索引** ･･････････ 245

# 第1章
# 软件定义芯片

## 1.1 概述

长期以来,摩尔定律(Moore's Law)[1]、登纳德缩放比例定律(Dennard Scaling)[2]和新型处理器架构是提升计算芯片算力的三大法宝。

随着摩尔定律的放缓和登纳德定律的失效,仅通过在芯片上堆砌更多的处理器核来提升机器性能的前景越发黯淡。处理器架构设计将是后摩尔时代的关键突破点。

软件定义芯片(Software Defined Chip,SDC)是一种芯片架构设计的新范式,达成软件直接定义硬件运行时功能和规则的目的,使硬件随着软件变化而进行动态、实时的功能重构,以此敏捷且高效地实现多领域应用[3]。作为一种领域定制计算架构(Domain Specific Architecture,DSA)的设计方法,SDC 是后摩尔时代处理器架构的解决方案之一。

软件定义芯片包括领域定制的可重构处理器和编译系统。可重构处理器为计算提供丰富的可编程存储、计算和互连资源,编译器系统为用户提供更加方便且高效地使用这些硬件资源的方法。

### 1.1.1 计算架构发展历程

到了 21 世纪初的前几年,在功率密度几乎不变的前提下,单核处理器的机器性能可以随时间呈指数级增长。这一现象的出现,主要得益于摩尔定律和登纳德定律对集成电路工艺发展的准确预测:摩尔定律预测集成电路上的晶体管数目每隔两年增加一倍;登纳德定律预测随着晶体管尺寸变小,芯片的功率密度将保持不变。

为了继续同摩尔定律所描述的芯片集成度和性能的增长趋势相契合,集成电路工艺一直在向更小的特征尺寸迈进。随着新工艺的逐步发展,单个晶体管的漏电问题变得越来越严重,使晶体管的静态功耗大大增加,最终导致登纳德定律失效。

芯片功率的增加必然会导致热效应加剧,为了兼顾散热问题,芯片上的晶体管无法长时间同时工作在最高频率。同时,因工艺特征尺寸逐渐接近物理极限而使摩尔定律开始变缓,最终导致微处理器的性能增长速率远低于晶体管密度的增长速率。此现象被形象地称为"功耗墙",进而使得能量效率成为比性能更为关键的指标。

得益于编程友好性以及丰富的参考程序示例,通用 CPU 计算架构的使用面非常广。但 CPU 架构的良好可编程性源于对简单指令的串行执行,最终导致其能量效率不尽如人意[4]。以 45 nm 工艺下的按序执行(In-order) CPU 为例,执行一个加法指令所消耗的能量约为 70 pJ,其中 ALU 执行加法操作仅消耗不到 1 pJ 的能量,取指消耗 25 pJ,访问寄存器堆消耗 6 pJ,控制开销消耗 38 pJ[5]。由此可知,CPU 处理器的功耗非常高,导致其计算效率不理想。

使用专用集成电路(Application Specific Integrated Circuit,ASIC)来加速应用可获得非常高的能量效率。传统的数字 ASIC 开发是基于应用驱动实现的硬件设计人员需要指定、调整硬件实现的绝大部分细节,包括寄存器、时序、控制、接口、逻辑等。现在的数字 ASIC 设计流程已经比模拟电路的设计简单许多,但成本高、周期长、风险大仍然是困扰 ASIC 设计的三大问题。对于新兴应用,ASIC 会带来成本高昂、经济效益差的问题:一些软件算法的更新速度很快,这可能会导致根据新算法设计的 ASIC 的能量效率远远超过根据旧算法设计的 ASIC,从而迫使旧产品的生命周期很快结束,难以通过有限的销量来摊销一次性工程费用(NRE)。

在后摩尔时代,DSA 是公认的能够提升计算芯片能量效率的出众方法之一[6]。DSA 通常以加速器(Accelerator)的面目示人,旨在加速应用中的热点代码。不同于 ASIC,通过编译器可以重新部署 DSA 的计算任务,只要应用领域的基本算子不变,通常无须重新设计硬件架构。此特性使得 DSA 的生命周期被大大延长,设计成本可以通过销量来加以摊销。

DSA 通过专用化以提升效率:例如,深度神经网络(Deep Neural Networks,DNN)推理应用通常对数据精度不敏感,经过量化后的模型只需 8 比特便能满足精度需求[7],可大大减少电路的功耗和面积开销。DSA 通过并行化以提升性能,比如利用大规模处理单元阵列加速数据密集型应用以提高 IPC(Instructions Per Clock Cycle)。DSA 的一个经典案例是谷歌设计的张量处理单元(Tensor Processing Unit,TPU),与 CPU 相比性能提升 15~30 倍、能量效率提升 30~80 倍[7]。

TPU 如此出彩的主要原因为:① 对神经网络模型进行量化,同时采用 8 比特整数乘法器和加法器。量化后的神经网络模型不会对准确度产生影响,且可提高能量效率(8 比特整数乘法消耗的能量只有 16 比特浮点乘法器的 1/6,对加法器而言仅为 1/13)。② 采用大规模的乘累加器阵列。为了加速 DNN 的核心计算,TPU 设计了一个由 8 比特整数乘累加器所组成的包含 65 536 个核的计算阵列,以提高 IPC。③ 矩阵乘法单元采用脉动阵列(Systolic Array)[8]的执行方式。因 SRAM 读写比单纯计算所消耗的能量多得多,所以矩阵乘法单元利用脉动阵列的执行方式减少对公共缓存的读写次数,进而提高能量效率。

除了专用化和并行化设计方法,软件定义芯片也是一种非常有竞争力的 DSA 设计方法。

### 1.1.2 软件定义芯片简介

软件定义芯片(SDC)是一种用软件直接定义硬件的功能,并可以进行在线功能改变或优化的设计方法[9]。SDC 需要同时设计硬件及与硬件配套的编译器系统。软件定义芯片从软件出发,避免过度的硬件专用化,从而保证可编程性。可重构处理器被认为是软件定义芯片的合适载体[10],常用"软件定义芯片"一词指代由 CPU 和可重构处理器组成的硬件系统,或单独指代其中的可重构处理器。

可重构处理器具有以下特征:① 芯片功能在制造之后仍可定制;② 通过任务映射配置芯片的功能。可重构处理器主要分为两类:现场可编程逻辑门阵列(Field Programmable Gate Array,FPGA)和粗粒度可重构阵列(Coarse Grained Reconfigurable Architecture,CGRA)。本小节将详细介绍并对比 FPGA 和 CGRA 的特点,并阐述软件定义芯片采用 CGRA 硬件架构的原因。

FPGA 通过对各种功能块进行逐一配置而完成对任务代码的部署。如图 1-1 给出的典型 FPGA 架构所示,FPGA 由多种可编程功能块及它们之间的互连所组成,组件包括:① 可配置逻辑块(CLB)包含一个或多个查找表

(Look-Up Table,LUT)、触发器(Flip-Flop,FF)和多路选择器,是实现组合逻辑和时序逻辑的基本单元;② 开关矩阵(Switch Matrix,SM)包含多个开关晶体管,可以通过打开或关闭不同端口间的连接状态,灵活地使用 FPGA 中丰富的互连资源;③ 输入输出块(Input/Output Block,IOB)可被配置为输入或输出,完成 FPGA 和外围设备交互的职能。因为 CLB 能够实现单比特的任意组合逻辑或时序逻辑,FPGA 拥有极其灵活的可编程性,其灵活性主要源于内部的 LUT。LUT 包含多个单比特 SRAM 单元和一个多路选择器,多路选择器的控制端接入输入信号,通过改写 SRAM 单元中存储的数据,以实现不同的组合逻辑功能。

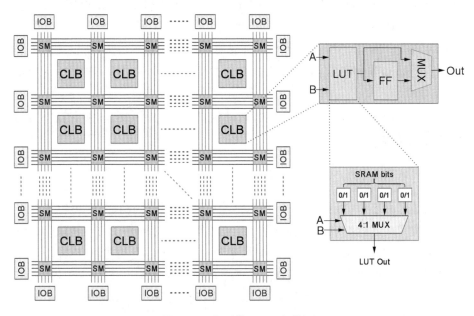

图 1-1　典型的 FPGA 架构图

基于单比特粒度编程的 FPGA 虽然具有很强的编程灵活性,且可实现几乎所有的数字电路功能,但正是这一特性带来如下不足:① 为了保证互连灵活性,FPGA 中互连资源的功耗和面积开销都很大,其功耗约占总功耗的 60%[11],面积约占总面积的 80%以上[12];② 为支持单比特粒度编程,FPGA 需要大容量的配置信息以进行功能描述,配置信息的加载时间长达几百毫秒[13],造成了运行时重配电路功能的巨大开销。因此,FPGA 的能量效率和动态重构能力都不太满足要求,不适合作为软件定义芯片的硬件架构。

CGRA是一种编程粒度较粗的可重构处理器,编程粒度通常为8比特以上,当CGRA需要支持含有控制流的任务负载时,细粒度的数据通路也可以存在,以支持谓词执行[14],如图1-2中处理单元(PE)中的算术逻辑单元(ALU)存在单比特的输入和输出。CGRA通常和主控制器、主存储器一起组成CGRA异构系统,对外提供计算加速服务。处理单元(PE)阵列是CGRA的核心计算资源,加速程序中计算、访存密集的代码区域。主控制器接口主要负责接收主控制器发送的请求并对控制请求进行分发。主存储器负责存储PE阵列的配置信息以及与PE阵列计算配套的输入数据和输出数据。PE阵列由多个PE及PE间的互连所组成。PE是CGRA的基本可编程单元,由配置单元(CU)和功能单元(FU)组成。FU由ALU、访存单元、输出寄存器和寄存器堆组成,它可以通过互连访问邻居PE的输出寄存器、本地寄存器堆和数据存储器中存储的原始数据或中间结果。CU负责从配置缓存中将配置信息加载到配置存器,FU根据配置寄存器中的配置信息执行相应操作。目前,CGRA的PE互连主要包括两种:直连型(Neighbor-to-neighbor)[15]~[17]和基于交叉开关(Crossbar)[18]~[20]的互连。前者采用直连线的方式将一个PE的输出连接到邻居PE的输入多路选择器上(图1-2);后者采用交叉开关的方式形成PE之间的互连网络以实现灵活的数据路由,类似于FPGA中的开关矩阵。

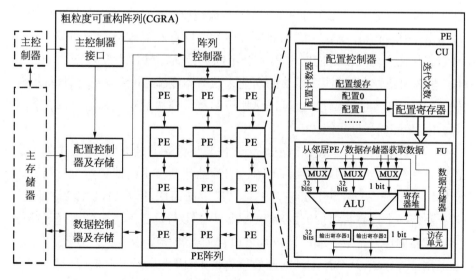

图1-2 典型的Mesh互连CGRA架构图

更粗的编程粒度虽然使得 CGRA 的可编程性比 FPGA 差,但却赋予了 CGRA 一些独特的优势。为保证编程灵活性,CGRA 设计中的冗余电路更少,且互连线更为稀疏,使得 CGRA 在能量效率方面比 FPGA 更有优势;CGRA 的编程空间远小于 FPGA,即配置信息的容量较小,因此动态重构的开销更小,使得动态优化配置成为可能。

## 1.2 重点研究方向

研究软件定义芯片的最终目标是设计一种能够兼顾能量效率和灵活性的计算芯片架构。要能在制造好的单颗集成电路芯片上运行不同功能的软件(应用),同时还要保持高性能和高能量效率,这是一个世界性难题。对某类应用来说,芯片架构通常能够产生好的综合性能,但在其他类型的应用那里则不行。在集成电路发明后的 60 多年时间里,诞生了 CPU、FPGA 等通用芯片,可以实现不同的应用功能,但付出的代价是低性能、高能耗、低效率和高成本。人们迫切需要找到软件(应用)能够实时定义芯片功能的新方法。软件定义芯片技术以动态可重构计算技术为核心,通过智能地改变硬件来适应不断变化的软件需求,从而在能量效率、功能灵活性、设计敏捷性、硬件安全性和芯片可靠性等关键指标上获得绝对的综合优势,是计算芯片公认的发展方向,也是世界强国战略必争的研究方向。

软件定义芯片的关键问题在于如何智能地改变硬件来适应不断变化的软件需求,主要挑战在于软件应用和硬件芯片之间存在着难以逾越的鸿沟。软件与芯片在实现相同功能时采用完全不同的范式。软件主要基于命令式编程,通过不断改变通用计算模块的功能来执行指令流,串行地完成目标功能。硬件主要基于声明式编程,通过详尽地声明每个模块的功能和通信来执行计算,并行地完成目标功能。

学术界和工业界一直在研究弥合软件与硬件差异的方法,研发了如高层次综合和超长指令字处理器编译等技术,然而这些技术目前仍然没有得到理想的结果。FPGA 的高层次综合工具已经走向商用,但是自动化效果不佳。若要获得一个具有实用价值的综合结果,人工参与是必不可少的。超长指令字处理器同样寄希望于编译器技术可以自动安排所有指令执行过程。但是,在通用计算领域,这个技术基本已经宣告失败,因为从原理上来说,对于很多不规则应用而言,编译器优化就非常困难。

我们进一步思考上述挑战会发现，这项挑战实际上可以被总结为把软件描述转换成硬件的最优化问题。显然，跟高层次综合问题一样，这是一个规模极其庞大的非确定性多项式完备问题（Non-deterministic Polynomial Complete Problem，NPC）。寄希望于编译器软件或 EDA 工具来完全解决这个问题是不太现实的。现在看来，可行的方案应是启发式的，通过人工或机器学习的辅助，显著缩小优化问题的规模；或是解耦合式的，通过剥离功能实现与模块优化，限定可优化空间规模。如果没有丰富的设计经验作为指导，这些方案将处于非常尴尬的境地，仅能获取一些较差的局部最优解的尴尬境地。

面向多领域应用的差异化需求，在以数据为中心的整体发展趋势下，对于软件定义芯片来说，硬件模型是能量效率的根本性的影响因素，动态重构的配置系统可提升重构速度，进而通过减少资源冗余来提高能效；编程范式是可编程性的基础，以数据为中心的编程范式可以提升硬件的可编程性，降低开发难度；软件映射是连接二者的桥梁，多任务异步协同映射和动态调度技术为硬件架构提供高效的抽象计算模型，同时为编程范式提供灵活的硬件编程接口。

对硬件架构、编程范式、软件映射的设计优化工作，必须给予足够的重视，这些方面在魏少军和刘雷波等老师的著作《软件定义芯片》[21]中得到了详尽的介绍。另外，由于效率、灵活性和易用性已成为新计算平台设计中三个最为关键的评价指标，接下来会进行对比介绍。

### 1.2.1　硬件架构与高效性

软件定义芯片的硬件架构主要包括计算、互连、配置和存储等部分。为更好地设计硬件架构，架构设计师需要分别研究空间并行流水、分布式通信和动态可重构等关键技术。当前的研究主要集中在对计算和互连的探索上。然而，随着研究工作的深入以及半导体工艺技术的不断进步，配置和存储系统已成为硬件性能和效率的瓶颈，是架构研究的主要关注点之所在。软件定义芯片的配置信息既不同于 FPGA 的配置比特流，也不同于 CPU 的指令流，它通常采用多配置（Multi-context）存储或高速缓存存储的固定形式，包含运算、控制、显式数据流等配置，但是配置信息的加载和切换却不能根据应用的计算和访存特性进行优化。因此，配置实际上是配置信息存储子系统的问题。传统模式固定存储系统的关键问题是：难以适应于应用中不规则的控制流和访存模式，系统运行效率低。我们需要研究结构灵活的存储系统架构以及配置与计算的协同优化技术，主要包括存储子系统模式的快速重构方法以及针对运行时计算特性优化的硬件数据的预取与替换机制。存储子系统的结构灵活性是高效加速不规则应用的基础,而配置与计算的协同优化是系统根据应用模式进行动态重构的关键。斯坦福大学的研究发现:存储系统灵活性设计的核心在于如何支持多样化应用执行的控制和数据模式[22]。英特尔与得克萨斯A&M大学的合作研究团队指出:配置计算协同优化的关键在于如何对应用运行中多样化的行为模式进行高效的特征分析和提取[23]。目前软件定义芯片的配置系统主要采用固定模式结构,尚未解决这两个核心难点。

具体来看,在硬件架构上,不同于传统的独立于计算的存储子系统设计,它可以让存储子系统具有更强的动态重构特性并具有与计算通路相互结合、相互适应的能力。存储子系统通过快速重构实时改变计算和存储功能的结构形式,形成存储与计算融为一体的新型架构,改善控制流的不规则性,避免访存行为的不规则化与碎片化。同时,存储子系统采用分布式的局部可配置和可重分配的系统设计,为软件编程和动态优化提供灵活的硬件接口。通过实时分析应用的关键数据特性,如数据重用距离和频率等,根据计算和数据流模式进行配置通路资源的快速重分配,更好地适应软件算法的多样性。

### 1.2.2　编程模型与灵活性

目前对软件定义芯片编程范式的研究主要关注的是如何进行并行性的表达。开发者利用编程范式提供的接口来描述目标应用中的数据级并行性和任务级并行性,因此映射时可充分利用硬件资源。然而,仅从并行性表达而出发的编程范式会导致开发者难以对数据的排布和搬移进行有效优化。目前,针对软件定义芯片,主要存在两种方案对数据访问进行优化:① 使用对开发者透明的片上多级高速缓存来缓存主存中的数据;② 需要开发者使用底层硬件原语控制数据在片外主存和片上便笺存储之间的搬移。这两种方案的关键问题是:前者在维持高速缓存状态时会有很大功耗的开销,而后者需要开发者理解软件定义芯片存储架构的设计细节,因而很难实现[24]。

并行性和专用化是编程模型需要重点研究的两个方面,研究以数据为中心的应用开发框架,包括面向规则应用和非规则应用的编程范式。规则应用可通过流式处理,抽象为数据流上的一系列操作。斯坦福大学的研究表明:现有软件定义芯片上的流式处理编程范式主要关注应用的并行性,在处理数据流访问时仅仅考虑了连续访存和固定步长访存[25]。规则应用编程范式的核心难点是如何针对规则应用中的复杂数据流访存行为,结合动态重构存储系统的特性来扩展现有的流式处理编程范式。处理面向以图计算为代表的非规则应用时,加利福尼亚大学洛杉矶分校的研究指出,流式处理会带来大范围的随机访存,严重影响系统性能,需要考虑采用对数据进行分块处理的方法[26]。非规则应用编程范式的核心难点在于如何利用数据分块减少随机访存的范围,通过存储系统的动态重构来充分复用分块。

总体来说,软件定义芯片的灵活性需要软硬件协同的可编程性设计来加以保障。其中最主要的问题是如何设计软件定义芯片的编程模型。硬件的复杂性、现有软件的局限性,以及硬件功能的可定制性,这些特点最终导致其编程模型的设计空间变得非常庞大且复杂。因此,寻找软硬件结合的系统最优点是十分困难的,但这也是软件定义芯片发展必须要考虑和解决的问题。

### 1.2.3 编译框架与易用性

编程模型直接决定了软件编程的难易程度,即为了实现目标应用功能,编程人员需要付出多少时间,需要提前了解多少硬件知识。

软件定义芯片的硬件架构层出不穷,不同的架构往往需要配备不同的编程模型,导致软件定义芯片的程序不具有可移植性,仅仅是架构的小规模更新都可能导致程序不再兼容。因此,增强软件定义芯片的易用性十分重要。解决不兼容问题的主要方法包括:① 以硬件虚拟化技术为基础的动态编译调度方法;② 通过剥离功能实现与模块优化,基于解耦合式思想为高级语言程序和软件定义芯片硬件架起一座高效沟通的桥梁。

#### 1. 基于虚拟化的动态方法

虚拟化并不是一个前沿的概念,FPGA 和 CPU 的虚拟化技术已经非常成熟,例如,Intel 和 AMD 分别提出了 VT-X 和 AMD-V 技术,本质上是在原有指令集上增加虚拟化专用的指令,并在微架构上增加支持这些指令的实现,同时增加 CPU 的运行模式,使其能够支持虚拟化的状态。

软件定义芯片现在并没有这样的需求,它的虚拟化与 FPGA 类似,主要目的是提升其易用性。具体来说是为软件和硬件提供一个中间层,与软件定义芯片相关的应用只需要针对这个虚拟的模型进行编程,进而被特定硬件架构的编译工具编译为适合特定硬件架构的配置信息及其他代码,最终利用动态调度在硬件上执行。

需要研究面向数据通信的动态映射技术,主要包括支持异步任务通信的中间表达形式和优化数据通信的任务动态调度技术。支持异步任务通信的中间表达形式是对静态映射的扩展，是降低应用映射复杂度、实现动态映射的基础，而优化数据通信的任务动态调度技术是优化系统性能和功耗的关键策略。西蒙弗雷泽大学与加利福尼亚大学洛杉矶分校的合作研究指出：针对大型应用加速的中间表达形式的设计关键在于如何实现分治的层次化映射方法，将静态映射约束在相对独立的任务中，同时基于数据流模型实现任务级映射[27]；卡内基·梅隆大学的研究表明：现代计算系统中任务动态调度的关键在于如何实现数据重用和任务调度之间的有效权衡[28]。当前的软件定义芯片动态映射技术仍以提高计算资源利用率为主要目标，无法解决这两个核心难点。

可以研究异步数据通信的多任务协同映射方法以及降低系统数据通信代价的任务与数据的协同调度技术。在应用映射方法方面，可以将应用表示为带有数据和控制依赖的任务图，提供一种异步数据通信的层次化任务的中间表达形式，大幅降低应用映射的规模和复杂度。任务可以采用流计算模式，也可以采用 fork-join 多线程形式等，可根据应用的特性进行选择。映射方法需要为每个任务提供统一的延迟不敏感异步通信接口，避免对任务的时序调度和资源映射进行过于严格的约束，从而释放任务与数据的协同调度灵活性和优化空间。在动态调度技术方面，由于在现代计算系统中计算功耗和执行时间开销已经比数据移动小了几个数量级，系统设计正在逐渐变得以数据为中心，降低数据访问代价成为关键的优化目标。这不仅需要硬件架构上的支撑，更需要任务调度技术的支持。我们可以对在功能、效率和性能上各不相同的计算资源、多级高速缓存、片上便笺存储以及可能的新型存储和计算器件等进行综合分析及动态调度，尽量避免任务执行过程中不必要的数据移动，充分利用不同存储和计算模块的特性，使计算任务及其数据在最合适的硬件结构层次上执行，提高计算系统的整体性能与能效。

然而，软件定义芯片的虚拟化面临着许多挑战。首先，要结合众多学术研究和工程应用中迥异的软件定义芯片架构，抽象出一个统一的计算模型，这并不是一件容易的事情。自从 20 世纪 90 年代以来，FPGA 的虚拟化就开始被广泛研究，而针对软件定义芯片的虚拟化研究还非常缺失，目前不同软件定义芯片的控制策略、接口、PE 功能、存储系统甚至互连的实现都形色各异，似乎还找不到一个比较好的统一模型能够将它们有机地联系起来。第二个挑战主要在于编译，软件定义芯片的硬件比较复杂，动态调度配置由于硬件开销很大，并没有被广泛接受。如今软件定义芯片的编译器主要依靠静态编译的方式对其进行处理。当软件定义芯片被虚拟化后，将虚拟化的模型动态地映射到具体的硬件上是一个比较大的挑战，对当下的软件定义芯片系统而言，这个负担主要落在静态编译的编译器上。仅依靠静态编译实现软件定义芯片的虚拟化将十分困难，可能导致较低的利用率和较差的性能。

面向软件定义芯片的虚拟化技术存在着模型抽象困难、软件调度虚拟化实体性能较差且代价很高的问题。因此，如何高效地实现软件调度的虚拟化硬件优化，已成为软件定义芯片所面临的一个重要挑战。

2. 解耦合式方法

软件定义芯片的功能最终要靠程序员编写的程序来驱动实现。一套硬件能否吸引大量用户投入精力去开发软件的一个必要条件是硬件支持的软件需向前兼容，即用户之前编写的软件能比较方便地在新的芯片上正确运行。一个优秀的编译系统可以在不过多地影响程序员生产力的条件下，有效地挖掘软件定义芯片的硬件潜能，为用户提供更加方便且高效地使用芯片硬件资源的方法。

软件定义芯片目前基本是面向领域应用而设计的，不同芯片支持的算子操作集不同，通常差异巨大。面对软件和硬件在细节抽象上存在着的巨大差异，通过剥离功能实现与模块优化，基于解耦合式思想在软件与硬件间引入一个隔离转换优化模块，将细粒度的通用操作集恢复成粗粒度的芯片算子操作，为增强软件定义芯片的易用性和计算效率提供一套可行方案，为高级语言程序和芯片硬件架起一座高效沟通的桥梁。

本书阐述的通用算子恢复技术即是基于此思想而研制的，便于为各类软件定义芯片和高级语言程序搭建一座高效协同工作的桥梁。

## 参 考 文 献

[1] Moore G E. Progress in digital integrated electronics [technical literature, copyright 1975 IEEE. reprinted, with permission. technical digest. international electron devices meeting, IEEE, 1975, pp.11-13.]. IEEE Solid-State Circuits Society Newsletter, 2006, 11(3): 36-37.

[2] Dennard R H, Gaensslen F H, Yu H N, et al. Design of ion-implanted mosfet's with very small physical dimensions. IEEE Journal of Solid-State Circuits, 1974, 9(5): 256-268.

[3] DARPA. (2020-11-25). https://www.darpa.mil.

[4] Dally W J, Turakhia Y, Han S. Domain-specific hardware accelerators. Communications of the ACM, 2020, 63(7): 48-57.

[5] Horowitz M. 1.1 computing's energy problem (and what we can do about it). 2014 IEEE International Solid-State Circuits Conference Digest of Technical Papers (ISSCC). IEEE, 2014: 10-14.

[6] Hennessy J L, Patterson D A. A new golden age for computer architecture. Communications of the ACM, 2019, 62(2): 48-60.

[7] Jouppi N P, Young C, Patil N, et al. In-datacenter performance analysis of a tensor processing unit. Proceedings of the 44th annual international symposium on computer architecture. 2017: 1-12.

[8] Kung S Y. Vlsi array processors. IEEE ASSP Magazine, 1985, 2(3): 4-22.

[9] Wei S, Liu L, Zhu J, et al. Software defined chips: Volume I. Springer Nature, 2022.

[10] 魏少军, 李兆石, 朱建峰, 等. 可重构计算: 软件可定义的计算引擎. 中国科学: 信息科学, 2020, 50: 1407-1426.

[11] Shang L, Kaviani A S, Bathala K. Dynamic power consumption in Virtex$^{TM}$-II FPGA family. Proceedings of the 2002 ACM/SIGDA tenth international symposium on Field-programmable gate arrays. 2002: 157-164.

[12] DeHon A. Balancing interconnect and computation in a reconfigurable computing array (or, why you don't really want 100% LUT utilization). Proceedings of the 1999 ACM/SIGDA seventh international symposium on Field programmable gate arrays. 1999: 69-78.

[13] Cardona L A. Dynamic partial reconfiguration in FPGAs for the design and evaluation of critical systems. Universitat Autònoma de Barcelona, 2016.

[14] Han K, Ahn J, Choi K. Power-efficient predication techniques for acceleration of control flow execution on CGRA. ACM Transactions on Architecture and Code Optimization (TACO), 2013, 10(2): 1-25.

[15] Liu L, Li Z, Yang C, et al. HReA: An energy-efficient embedded dynamically reconfigurable fabric for 13-dwarfs processing. IEEE Transactions on Circuits and Systems II: Express Briefs, 2017, 65(3): 381-385.

[16] Singh H, Lee M H, Lu G, et al. Morphosys: an integrated reconfigurable system for data-parallel and computation-intensive applications. IEEE transactions on computers, 2000, 49(5): 465-481.

[17] Mei B, Vernalde S, Verkest D, et al. ADRES: An architecture with tightly coupled VLIW processor and coarse-grained reconfigurable matrix. International Conference on Field Programmable Logic and Applications. Springer, 2003: 61-70.

[18] Govindaraju V, Ho C H, Nowatzki T, et al. DySER: Unifying functionality and parallelism specialization for energy-efficient computing. IEEE Micro, 2012, 32(5): 38-51.

[19] Wang B, Karunarathne M, Kulkarni A, et al. HyCUBE: A 0.9 v 26.4 mops/mw, 290 pj/op, power efficient accelerator for iot applications. 2019 IEEE Asian Solid-State Circuits Conference(A-SSCC). IEEE, 2019: 133-136.

[20] Prabhakar R, Zhang Y, Koeplinger D, et al. Plasticine: A reconfigurable architecture for parallel patterns. 2017 ACM/IEEE 44th Annual International Symposium on Computer Architecture(ISCA). IEEE, 2017: 389-402.

[21] 魏少军, 刘雷波, 朱建峰, 等. 软件定义芯片. 北京: 科学出版社, 2021.

[22] Prabhakar R, Zhang Y, Koeplinger D, et al. Plasticine: A reconfigurable architecture for parallel patterns. International Symposium on Computer Architecture, 2017: 389-402.

[23] Bhatia E, Chacon G, Pugsley S, et al. Perceptron-based prefetch filtering. ACM/IEEE 46th Annual International Symposium on Computer Architecture, 2019: 1-13.

[24] Nowatzki T, Gangadhan V, Sankaralingam K, et al. Pushing the limits of accelerator efficiency while retaining programmability. IEEE International Symposium on High Performance Computer Architecture, 2016: 27-39.

[25] Thomas J, Hanrahan P, Zaharia M. Fleet: A framework for massively parallel streaming on FPGAs. International Conference on Architectural Support for Programming Languages and Operating Systems, 2020: 639-651.

[26] Zhou S, Kannan R, Prasanna V K, et al. HitGraph: High-throughput graph processing framework on FPGA. IEEE Transactions on Parallel and Distributed Systems, 2019, 30(10): 2249-2264.

[27] Sharifian A, Hojabr R, Rahimi N, et al. UIR-An intermediate representation for transforming and optimizing the microarchitecture of application accelerators. IEEE/ACM International Symposium on Microarchitecture, 2019: 940-953.

[28] Lockerman E, Feldmann A, Bakhshalipour M, et al. Livia: Data-centric computing throughout the memory hierarchy. International Conference on Architectural Support for Programming Languages and Operating Systems, 2020: 417-433.

# 第 2 章
# 基于 LLVM 的研发平台

CGRA 属于可编程硬件设备,其可编程粒度介于 FPGA 和专用集成电路 ASIC 之间。CGRA 不同于细粒度编程的 FPGA,它可包含大体量的粗粒度逻辑功能块,例如:复杂的算术逻辑运算器(Arithmetic Logical Unit,ALU)功能块。另外,程序中的计算指令被映射到 CGRA 阵列中不同的计算单元,数据交换基本得通过片上互连来完成,完全不同于 CPU 指令间的互连要通过数据存储来进行。CGRA 是面向领域应用的新型计算加速平台。

本书介绍的通用算子恢复技术可将通用程序操作集恢复成 CGRA 架构支持的计算算子,进而可将面向领域的程序高效地映射到 CGRA 上,以利于评估其性能、功耗等一系列我们感兴趣的指标。研究工作所依托的研发平台是基于 LLVM 开源框架而开发的,因 LLVM 具有诸多方便且高效的使用特性。

## 2.1 LLVM 介绍

LLVM 项目是模块化、可重用编译器及工具链的技术集成,其设计初衷是与现有通用的 UNIX 系统工具保持兼容。LLVM 与传统虚拟机关系不大,"LLVM"这个名字本身并不是一个缩写词,而是这个项目的全名。

LLVM 最初是伊利诺伊大学的一个研究项目,其目标是提供一种基于 SSA(Static Single Assignment)的现代编译策略,以支持针对任意编程语言的静态和动态编译。时至今日,LLVM 已发展成一个由许多子项目组成的大型综合项目,其中许多子项目被各种商业和开源项目所使用,并畅行于学术研究的众多领域。

LLVM 与其他编译器的区别主要在于它的内部体系结构。从 2000 年 12

月开始，LLVM 就被设计成一组具有良好接口的可重用库[1]。

21 世纪初，开源编译器被设计为专用工具，通常是一个不可分割的庞大可执行文件。例如，很难复用静态编译器(如 GCC)中的解析器来进行静态分析或重构。虽然脚本语言提供了一种将运行时系统和解释器嵌入大型软件的机制，但运行时系统只能作为一个整体被使用。无法复用其整体的某一部分，导致语言实现项目间的代码共享少之又少。

围绕流行语言实现的方案通常是两极分化的：要么提供传统的静态编译器，如 GCC、Free Pascal 和 FreeBASIC；要么以解释器或实时(JIT)编译器的形式提供运行时编译器。同时支持这两种实现方案的情况非常罕见，即使存在，两者间的代码共享也不会很多。

在过去二十年里，LLVM 极大地改变了这种状况，现在 LLVM 是作为通用的基础组件而被使用的。基于 LLVM 可以编译各种常用语言程序(包括之前只能使用静态编译或解释/实时编译进行处理的语言程序，如 Java、Python、Ruby、Scheme、Hashell、D 及 GCC 和.NET 等支持的语言家族，同时也包含一些小众的语言)。它还取代了很多专用编译器，例如苹果的 OpenGL 专业运行时引擎和 Adobe 的 After Effects 图片处理库。LLVM 还被用于生产各种新产品，如 OpenCL 项目。

LLVM 的主要子项目有：LLVM 核心库、Clang、libc++、MLIR、OpenMP、libclc 和 LLD 等。

**LLVM 核心库**提供了一个独立于源语言和目标机器的现代优化器，可为许多流行 CPU(及一些不太常见的 CPU)提供代码生成服务。这些库是围绕着 LLVM 中间表示(LLVM IR)而构建的。基于 LLVM 核心库可轻松研发新语言，因为 LLVM 提供的优化器和代码生成器可被完美复用。

**Clang** 是 LLVM 原生 C/C++/Objective-C 编译器，旨在提供快速编译和有用的错误、警告消息，并为构建源代码级工具提供一个好用的平台。使用 Clang 静态分析器和 clang-tidy 可自动查找代码中的错误，它们很好地展示了基于 Clang 前端进行工具构建的效果。

**libc++ 和 libc++ABI** 项目提供了 C++ 标准库的高性能实现，完全支持 C++11 和 C++14 标准。

**MLIR** 子项目提供了一种新颖方法，用于构建可重用和可扩展编译器基础设施。MLIR 可将现有编译器串联起来，力求解决软件碎片问题，改进异构硬件编译，并使特定领域编译器的构建成本显著降低。

**OpenMP** 子项目提供 OpenMP 运行时环境,用于支撑 Clang 中的 OpenMP 实现。

**libclc** 子项目旨在实现 OpenCL 标准库。

**LLD** 子项目提供了全新的链接器。它是系统链接器的直接替代品,且运行速度更快。

### 2.1.1 经典编译器设计概览

经典的编译器设计模式是三段式,由前端、优化器和后端组成,见图 2-1。前端负责解析源码、检查错误、生成抽象语法树 AST(Abstract Syntax Tree);优化器基于 AST 或由 AST 转换生成的中间代码进行各种优化,尝试提高代码的执行效率,它通常是独立于源语言和目标机器的;后端,即代码生成器,负责将代码映射到目标指令集,除了将优化后的中间代码生成为正确的机器码外,还负责利用目标架构的特性生成性能更好的代码。对解释器和 JIT 编译器而言,该模型同样适用。Java 虚拟机(JVM)就是基于该模型而实现的,以 Java 字节码作为连接前端和优化器的中间语言。

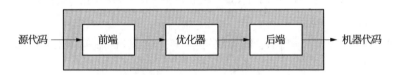

图 2-1 三段式编译器模型

当编译器支持多语言或多目标架构时,三段式模型将展现其巨大的优势。如果优化模块使用一种通用的中间代码,可以针对任何一种编程语言开发一个特定的前端,同样可针对任何目标机器开发一个特定的后端,如图 2-2 所示。

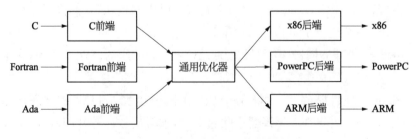

图 2-2 三段式编译器设计优势

基于此设计架构,已有的编译器要支持新的语言(例如 Algol 或 BASIC),只需实现一个新的前端即可,原来的优化和后端模块都能复用。如果编译器的前后端和优化器没有完全相互解耦,针对新的编程语言就需要从零开始研发编译器,即要支持 $n$ 个目标机和 $m$ 种编程语言,就需要编写 $n \times m$ 个编译器。

三段式设计的另外一个优势是:便于拥有不同技能的技术人员同时参与到编译器研发活动中。非常有利于减少开源项目的协作障碍。

### 2.1.2 现有实践

三段式设计具有诸多优点,众多编译器书籍也对此进行了充分的阐述,但在实践中却从未被完全实现过。在 LLVM 出现前,开源软件诸如 Perl、Python、Ruby 和 Java 相互间从未复用过编译器代码。此外,像 Glasgow Haskell 编译器(GHC)和 FreeBASIC 项目虽然都支持多个目标机器,但它们仅支持一种编程语言。

针对此模型,存在三类比较成功的案例,下面分别介绍。

第一类是 Java 和.NET 虚拟机。它们提供一个 JIT 编译器、运行时环境和清晰定义的字节码规范。其优点是任何可编译为该格式字节码的语言都可复用已有的 JIT 编译器和运行时环境;其缺点是必须强制使用特定的即时编译、垃圾回收机制和非常特殊的对象模型。当编程语言与其对象模型不完全匹配时,性能将大大下降,例如 C 语言。

第二类成功案例的思路是将非 C 语言代码转成 C 语言代码,从而复用 C 编译器优化模块和机器码生成模块的代码。此方案是最流行的编译器技术的复用方式,但也许是最糟糕的。它导致异常处理变得低效、调试体验变差、编译速度变慢,同时不能保证对尾调用进行无问题的处理。

最后一个成功案例是 GCC。GCC 拥有一个活跃社区,其中存在大量的贡献者,它具有多个编译器前端和后端。

上述三类案例虽然成功,但它们分别被当成一个独立的整体来加以实施,导致在使用方面存在很大的限制。以 GCC 为例,很难将其嵌入其他编译系统中,同样很难将其作为运行时或 JIT 编译器来使用,更别提不引入整个系统而仅使用 GCC 的部分功能。如果想要将 GCC 的 C++编译前端作为文档生成器、代码索引、重构或静态分析而使用,则必须贯穿 GCC 的整个编译流程以生成 XML 文件,然后再基于 XML 文件来进行处理,或者以插件形式对 GCC 注入代码进行功能扩展。

GCC 的部分功能不易被复用的原因有很多,包括:滥用全局变量;不可变变量不能更改的限制不严;数据结构设计不当;庞大而无序的代码库;使用宏阻止代码库被编译为一次支持多个前端/目标机器等。除此之外,其早期设计定型的架构设计所导致的问题是最难解决的,具体而言,GCC 饱受分层问题和抽象漏洞的困扰:编译后端依据编译前端的抽象语法树(AST)来生成调试信息;编译前端生成编译后端的数据结构;整个编译器依赖命令行设置的全局数据结构。

### 2.1.3 LLVM 中间码

LLVM IR 是 LLVM 设计中最重要的一环,它是程序代码在编译器中的表示形式,即中间代码。LLVM IR 被设计为编译优化层用来进行代码分析和转换的载体,它支持轻量级的运行时优化、函数间/过程间优化、全程序分析和重构转换等。最重要的是,它是一款具有明确语义定义的一流语言。下面通过例子 a.ll 进行展示。

```
1.  define i32 @add1(i32 %a, i32 %b) {
2.  entry:
3.      %tmp1 = add i32 %a, %b
4.      ret i32 %tmp1}
5.  define i32 @add2(i32 %a, i32 %b) {
6.  entry:
7.      %tmp1 = icmp eq i32 %a, 0
8.      br i1 %tmp1, label %done, label %recurse
9.  recurse:
10.     %tmp2 = sub i32 %a, 1
11.     %tmp3 = add i32 %b, 1
12.     %tmp4 = call i32 @add2(i32 %tmp2, i32 %tmp3)
13.     ret i32 %tmp4
14. done:
15.     ret i32 %b}
```

上述 LLVM IR 对应的 C 代码如下,提供了两种不同方式的整数求和代码。

```
1. unsigned add1(unsigned a, unsigned b) {
2.     return a+b;}
3. // Perhaps not the most efficient way to add two numbers.
4. unsigned add2(unsigned a, unsigned b) {
5.     if (a == 0) return b;
6.     return add2(a-1, b+1);}
```

由上述例子可知，LLVM IR 是类似于精简指令集（RISC）的低层次虚拟指令集。和真实 RISC 指令集一样，它支持简单指令的线性序列，如加法、减法、比较和分支跳转指令。采用三地址指令形式，即接收一定数量的输入并将结果存储到不同的寄存器中。同时，它还支持标签，看起来类似于汇编语言的一种奇怪变体。

不同于大多数精简指令集，LLVM 使用一个简单的强类型系统，且不关注诸多机器细节特性，i32 表示 32bit 整型数据，i32＊＊表示指向 32bit 整型数据的指针。与汇编代码显著不同的另外一点是：使用 call 和 ret 指令对完成函数调用，且显式列出需要的参数；寄存器的使用不受限，可使用以％为首字母进行命名的任何临时寄存器。

LLVM IR 存在三种等价的存储形式：上述的文本格式形式、优化器进行检查和修改的内存数据结构形式、高效磁盘存储的二进制"位码"形式。LLVM 同时提供了相应的转换工具，llvm-as 将后缀为.ll 的文本文件转换成.bc 二进制流文件，llvm-dis 将后缀为.bc 的文件转换成.ll 文本文件。

编译器的中间表示主要服务于优化器。虽然优化器不受特定编程语言或特定目标机的限制，但设计中间表示必须兼顾以下两点：易于编译前端生成；具有足够的表现力和完备性，可将重要的优化结果映射到目标机器上来执行。

### 2.1.4 LLVM 三段式设计

基于 LLVM 框架的编译器模块功能如下：编译器前端对输入代码进行解析、验证及错误诊断，然后将代码转换为 LLVM IR 形式；编译优化器对 LLVM IR 进行一系列分析，并对代码进行优化调整；编译后端将输入代码生成为特定目标机的机器代码。如图 2-3 所示，简单展示了三段式设计的实现，但图中并未体现 LLVM 体系结构从 LLVM IR 获得的一些能力和灵活性。

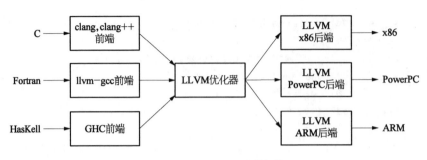

图 2-3 LLVM 编译器架构

1. 完整的代码表示

在 LLVM 框架中，诸多前端与优化器间只有一个接口，即 LLVM IR。这就意味着为 LLVM 编写编译前端的目标非常明确——生成功能正确的 LLVM IR。

LLVM 之所以能在各种不同编译项目中获得成功，主要原因之一是 GCC 使用的 GIMPLE 中间码是非自包含的一种代码表示。比如，GCC 的代码生成器需要先遍历编译器前端的抽象语法树，之后才能生成调试信息。GIMPLE 设计使用元组来表示源码中的操作，因此可以很方便地生成调试信息。

对 GCC 项目而言，编写编译器前端的人员需要清楚地知道后端需要什么样的抽象语法树数据结构；编译器后端人员面临同样的困扰，他们需要清楚地了解 RTL 后端的工作原理。总而言之，GCC 无法用一种清晰的表达方式来"表达代码中的所有内容"，使得基于 GCC 进行开发非常困难，导致 GCC 支持的前端数量有限。使用 LLVM IR 就绝对不存在上述问题。

2. LLVM 由库组成

除去 LLVM IR，LLVM 的另一个重要特性是它被设计成一系列的库，明显区别于 GCC 类的不可分离命令行编译器和 JVM 类的不透明虚拟机。

LLVM 是提供诸多编译器技术的基础架构，可用于解决特定问题，比如：搭建 C 编译器或面向特殊领域的优化器。这才是 LLVM 的强大生命力之所在。

以优化器的设计为例：它以 LLVM IR 为输入，进行处理后输出执行效率更高的 LLVM IR。LLVM 优化器被组织为包含多级优化处理的管道，每级都针对自己的输入 IR 进行特定的优化处理。例如：函数内联、表达式重组、循环不变量外提等。根据优化级别的不同选择不同的 Pass 组合进行优化处理，例如：针对-O0 不做优化；针对-O3 运行包含 92 个优化过程的组合优化程序（LLVM 10.0.0 版本）。

每个 LLVM 优化程序都独立定义为一个类，且继承自 Pass 类。大多数优化程序都独占一个 .cpp 文件，为使文件外的代码可以使用本优化程序，需要在 .cpp 文件中编写一个用于创建优化程序的类导出函数。简化示例如下：

```
1.  #include "llvm/Pass.h"
2.  #include "llvm/IR/Function.h"
3.  #include "llvm/Support/raw_ostream.h"
4.  using namespace llvm;
5.  namespace {
6.      struct FuncNewPass : public FunctionPass {
7.      static char ID;
8.      FuncNewPass () : FunctionPass(ID) {}
9.      bool runOnFunction(Function &F) override {
10.         errs() << "Function " << F.getName() << '\n';
11.         return false;
12.     }
13.     };
14. }
15. char FuncNewPass::ID = 0;
16. static RegisterPass<FuncNewPass> X("funcnewpass", "Function New Pass", false, false);
```

LLVM 优化器提供了数十种不同的优化程序，每一个都是按照上述模板编写，并最终被封装到一系列库文件(.a 或 .so 文件)中。这些库提供各种各样的分析和转换能力，且优化程序间彼此基本都是无关的，如确需依赖，就要显式地声明依赖关系。当执行一组优化程序时，LLVM 的 PassManager 首先读取依赖信息并根据依赖关系优化程序的执行过程。

库和抽象功能的确很棒，但并不代表我们能立即使用它们去真正解决问题。如果基于已有的编译技术去构建新的编译工具，需要有针对性地考虑一些事情。例如，针对图像处理语言开发一款 JIT 编译器，开发者需要考虑编译延迟的敏感性问题及一些约定俗成的语言习惯对性能会造成多大的影响。

基于库设计的 LLVM 优化器允许我们灵活选择要组合的优化程序，并自定义优化程序间的先后执行顺序。针对图像处理领域，上述两点显得至关重要：如果所有内容都已经被定义为一个大函数，那么进行函数内联分析将没有任何意义；如果程序使用的指针非常少，那么进行别名分析和内存优化将无法发挥应有的作用。

需要注意，LLVM 在解决优化器的性能问题上并不是万能的。由于优化程序是模块化的，且 PassManager 本身和优化程序是解耦的，即 PassManager 对优化程序的实现细节是一无所知的。因此，开发者需根据实际情况开发定制的优化程序来弥补 LLVM 自身的不足。图 2-4 展示了一个假想的 XYZ 图像处理系统：

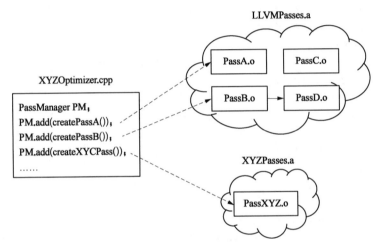

图 2-4 XYZ 图像处理系统

一旦选定了一组优化程序，图像处理编译器就被构建成可执行程序或动态库。由于 LLVM 优化过程的唯一引用入口是在每个 .o 文件中定义的 creat 函数，且优化器存于 .a 静态库，因此只有实际调用的优化程序才会被链接到最终程序中，而非将整个 LLVM 优化器全部链入。针对上例，由于对 PassA 和 PassB 进行了直接调用，进而将它们链接进来；由于 PassB 调用了 PassD，因此 PassD 也会被链接进来；由于 PassC 及其他优化过程没有被调用，其代码都不会被链接到 XYZ 图像处理系统中。

这就是由基于库设计的 LLVM 的特性所决定的，允许 LLVM 提供大量组合功能（其中一些可能仅对特定受众有用），使得一些简单的使用场景无须引入太多的库代码。相比之下，传统编译器的优化器由大量紧耦合的代码构成，很难对其进行划分、推理和优化加速。基于 LLVM，你仅需理解各个优化程序的功能而不需要知道整个编译系统是如何协作的。

同样,基于库的设计导致人们对 LLVM 产生误解:虽然 LLVM 库具有许多功能,有些却根本没有作用,看起来是多余的。如何更好地使用库中的优化程序完全取决于工具设计者的设计安排,如 C 程序编译器 Clang。正因为采用细致的分层、分解和对子集能力的关注,使得 LLVM 优化器在不同的应用场景中都能大放异彩。

### 2.1.5 模块化设计附带闪点

模块化是一种优雅的设计,除此之外,它还为使用 LLVM 库的客户端带来了诸多有趣的功能。这些有趣的功能是基于 LLVM 的功能库而体现的,但需要通过用户指定的使用策略才能得到展现。

LLVM IR 可以高效地序列化为 LLVM 位码(一种二进制格式代码),或从 LLVM 位码反序列化为 LLVM IR。由于 LLVM IR 是自包含(Self-contained)的,且序列化是一个无损过程,所以我们可以进行部分编译并将中间结果保存到磁盘,然后在将来某个时候基于保存的部分编译结果继续编译工作。该特性提供了许多有趣的功能,包括对链接时和安装时优化的支持,这两个功能都延迟了代码生成的时机。

链接时优化(LTO)解决了传统编译器一次只能处理一个代码单元(例如一个.c 文件和其所有头文件),无法跨文件进行优化(例如内联)的问题。LLVM 编译器 Clang 通过使用 -flto 或 -O4 编译选项支持此功能。该编译选项指示编译器向.o 文件发送 LLVM 位码而非原生对象数据,并将代码生成延迟到链接时进行,如图 2-5 所示:

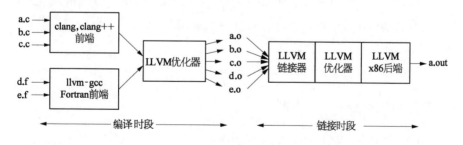

图 2-5 链接时优化示意图

操作系统不同会导致一些细节上的差异,但最重要的共同点是链接程序从.o 文件中检测 LLVM 位码而不是检测原生对象数据。当链接程序检测到

LLVM 位码时，会将其全部读入内存并进行链接，随后使用 LLVM 优化器对其进行整体代码优化。此时，优化器可以一次性扫描更多的代码，它可以执行内联、常量传播、死代码消除，以及跨过程执行更多优化操作。虽然现代编译器大都支持 LTO，但其中的大多数（例如 GCC、Open64、Intel 编译器等）都是通过代价高昂而缓慢的序列化过程来实现的。LLVM 的 LTO 是自然而独立的设计，因 LLVM IR 是一门真正的中立语言，使其可跨不同源语言程序进行工作。

安装时优化是将代码生成延迟到更晚的时候进行，如图 2-6 所示。安装时是一个非常有趣的时间点，因为此时可更清楚地知道目标机的详细信息。例如，在 x86 系列中存有各种各样的芯片和特性，通过延迟指令选择、调度和代码生成等方面的工作可为应用程序的最终运行生成最佳的执行代码。

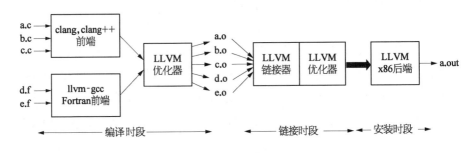

图 2-6　安装时优化示意图

## 2.2　研发平台介绍

基于 2.1.4 节的第 2 小节介绍的优化程序 PASS 的研发模式搭建开发框架。可使用 Makefile 进行软件构建，其内部调用 CMake。高级用户可以直接使用 CMake 进行工程构建。

cd build && cmake <your-options> ..

### 2.2.1　CMake 构建选项

- DBUILD_LLVM_PASSES=<value>

"value"的取值可以是"ON"或"OFF"，分别对应循环提取 pass 的开启或关闭。

更多的选项介绍参阅 CMake 网站[2]，另外，在关于 CMake 变量的介绍网站中也可找到它们。

### 2.2.2 循环体 DFG 图生成

用户希望创建自己的测试用例,并将程序映射到不同架构设计的 CGRA 上,本小节将会进行系统的介绍。

1. 源码编写要求

将程序映射到不同架构设计的 CGRA 上是以 DFG 图作为中间桥梁而实施的,为保证 DFG 图生成过程的正确运行,需要对程序源代码进行必要的修改调整。调整代码前,需要用户对代码整体有清晰的认识,例如哪些函数需要内联、哪些函数不能被内联。调整规则如下:

① 目前 DFG 图生成系统仅支持一种源代码文件模式,即只能包含一个 *.c 文件,但可以附带多个头文件。

② 待处理循环体中涉及的所有函数调用都需要进行函数内联处理,用户必须使用__attribute__((always_inline))将这些函数声明为内联函数,并将函数定义代码放置到相应的头文件中。

③ 对包含待处理循环体的函数,不应该进行函数内联处理,用户必须使用__attribute__((noinline))将这些函数声明为非内联函数,并将函数定义代码放置到 *.c 文件中。

④ 所有待处理的函数体都需要添加特殊标识符。在循环体的开始位置添加如下一行代码"//DFGLOOP:<tag>",tag 是一个唯一循环标识符,并被用于 DFG 生成选项中。示例代码如图 2-7 所示。

2. 生成用户自编程序的 DFG

① 新建一个文件夹,文件夹的名字需要和用户主程序的名字保持一致。

② 在新建文件夹下创建一个新的 Makefile 文件。

③ 适当地修改用户程序(图 2-8a),在计划映射的循环体头部添加处理标识"DFGLoop: loop*"。注:本项目对可被处理成 DFG 图并进行映射的 loop 类型是有要求和限制的,具体的限制和解释参见 2.3 节 DFG 图生成限制。

④ 在 Makefile 文件首部添加必须的 DFG 生成所需的选项,包括编译器标识 CFLAGS 和处理哪些 loop 的标识 LOOP_TAGS。

⑤ 在 Makefile 文件尾部添加一行代码: include <your_path>/rules.mk。

```
unsigned int mem[1024] = {
    0x00000000,0x00000000,0x00000000,0x00000000,
    ......
    0x00000000,0x00000000,0x00000000,0x00000000}
#define LU_000(a,b) (a)
#define LU_001(a,b) (~a)
#define LU_010(a,b) (a^b)
#define LU_011(a,b) (a&b)
#define LU_100(a,b) (a|b)
#define LU_101(a,b) (~a^b)
#define LU_110(a,b) (~a&b)
#define LU_111(a,b) (~a|b)
void logical(int *infifo)
{
    int i;
    int A, B, T;
    for (i=0; i<9; i=i+3)
    {
    //DFGLoop:loop0
        A = infifo[i];
        B = infifo[i+1];
        T = infifo[i+2];

        int tmp1 = LU_010(A,B);
        int tmp2 = LU_011(T,A);
        int tmp3 = LU_100(B,T);
        int tmp4 = tmp1 ^ tmp2;
        tmp4 = tmp4 | tmp3;
        mem[i] = tmp4;
    }
}
```

图 2-7  循环处理标识示例

```
#include <stdio.h>
#define N 10
volatile int a [N] = {1,2,3,4,5,6,7,8,9,10};
int main()
{
    int sum = 0;
    int i;
    for (i = 0; i < N; i++) {
    //DFGLoop: loop0
        sum += a[i];
    }
    printf("sum = %d\n", sum);
    return sum;
}
```

```
LOOP_TAGS = loop0
include ../../rules.mk
```

(a) 用户程序　　　　　　　　　　(b) 配套Makefile

图 2-8  用户自编程序配置示例

⑥ 在新建文件夹目录下执行 make 命令，成功执行后即生成用户程序已标记 loop 所对应的 DFG 图。

## 2.3 限制

关于 DFG 图生成方面的限制如下：

① 如果存在循环嵌套的情况，只有内层循环会被处理。如果用户标记的是外层循环，软件是不会为你生成对应的 DFG 图的。

② 待处理的循环体中只能存在一个基本块，即不能出现控制流语句，如 if 语句或 switch 语句等。

③ 用户必须根据指南正确标记相关函数的类型：内联函数或非内联函数，否则会出现未定义的行为。

---------- 参 考 文 献 ----------

[1] Lattner C，Adve V. LLVM：A compilation framework for lifelong program analysis & transformation. International Symposium on Code Generation and Optimization. IEEE，2004：75-86.
[2] CMake. (2022-10-26). https：//cmake.org.

# 第3章
# 指令选择技术

编译器(Compiler)是将一种"语言程序"翻译为另一种"语言程序"的代码转换工具,基本上只有依托于编译器各类程序才能够在计算硬件上运行。几乎所有软件——不论是 Windows GUI 程序、面向高性能计算的 Fortran 程序、使用 Java 语言编写的智能手机应用还是控制冰箱的小型 C 程序——都需要某种形式的编译器。计算机的功能由其运行的程序决定,自 20 世纪 40 年代第一台计算机出现以来,人们不断研究着各种编译框架和编译技术,编译是计算机科学中最古老和研究得最多的领域之一。

为完成编译任务,编译器必须解决一系列问题。主要包括:词法分析(Lexical Analysis)、语法分析(Syntactic Analysis)、语义分析(Semantic Analysis)、程序优化(Program Optimization)和代码生成(Code Generation),其中代码生成为给定程序和特定硬件生成机器代码。代码生成包含三个子问题:指令选择(Instruction Selection)决定使用哪些指令;指令调度(Instruction Scheduling)决定如何调度选定的指令;寄存器分配(Register Allocation)决定如何将寄存器分配给程序中的变量。本章主要介绍指令选择问题的处理和解决。

与其他编译模块相比,指令选择受到的关注少之又少。大多数编译器书籍仅简单介绍指令选择,并未提供更多见解。例如,在书籍[1]~[7]总共 4 600 页的内容中只有不到 160 页着墨于指令选择,存在诸多重复,且通常仅描述单一的方法。另外,现有的 Cattell[8]、Ganapathi 等[9]、Leupers[10]、Boulytchev 与 Lomov[11]的综述文章要么不完整,要么太老旧。参考 Gabriel Hjort Blindell 的 *Instruction Selection*,本章基于两个维度:① 核心方法;② 指令支持范围,对现有主要技术和方法进行分类概括介绍。

## 3.1 概述

### 3.1.1 指令选择介绍

为更清晰地描述指令选择，我们先简要介绍程序的通常结构、目标硬件的特征和编译器的典型架构。

1. 待编译程序

假设程序(Program)由一组指令语句构成，其根据程序设计语言(Programming Language)规定的语法和语义规则编写而成。通常这些指令语句被称为程序源代码(Source Code)。为不失一般性，假设所有程序都是由一系列的程序函数(Program function)组成的，在没有歧义的前提下称其为函数(Function)。函数定义为包含一系列计算、函数调用和控制语句(如，if-else 和 for 循环等)功能体，如图 3-1a 所示的 factorial 函数。同时，认为所有程序都存在一个入口函数。

每个函数都由一组基本块(Basic Block)构成。每个基本块都由一组语句组成，且控制流改变仅发生在块结尾处。如果仅使用 goto 语句控制程序执行，如图 3-1b 给出的 factorial 函数代码，可得如下基本块：

- 2～3 行形成一个基本块，因为第 4 行为跳转入口点；
- 4～5 行形成一个基本块，因为第 5 行发生了跳转；
- 6～8 行形成一个基本块，因为第 8 行发生了跳转；
- 9～10 行形成最后一个基本块。

在此引入基本块的概念，因后面讨论指令选择的范围时需要使用。

```
1:int factorial(int n){
2:     int f = 1;
3:     for(; n > 1; n--){
4:         f = f * n;
5:     }
6:     return f;
7: }
```
(a) Factorial 函数C代码

```
1: int factorial(int n){
2:     init:
3:     int f = 1;
4:     loop:
5:         if(n <= 1)   goto end;
6:         f = f * n;
7:         n--;
8:         goto loop;
9:     end:
10:        return f;
11: }
```
(b) 使用goto语句实现(a)函数

图 3-1 程序示例

2. 目标机器

将待编译程序意欲在其上运行的硬件称为目标机器(Target Machine)。一个目标机器通常由一个或多个连续译码并执行机器代码(Machine Code)的处理器构成。机器代码是一组有意义的二进制代码,由处理器按规则装配成机器指令(Machine Instruction)并执行。可用指令的集合被称作指令集(Instruction Set),它们的行为由目标机器的指令集架构(Instruction Set Architecture, ISA)指定,使用特定 ISA 生成的机器代码可以在支持该 ISA 的所有目标机器上执行。指令集包含的指令多种多样,不仅存在简单的单操作指令(如算术加指令),还有非常复杂的指令,如"将某个内存地址单元中的内容赋值到另一个内存地址单元,同时分别递增地址指针,重复操作直到满足特定的结束条件。"

尽管直接使用机器代码编写程序是可行的,但这么做极其麻烦且枯燥。稍进一步的替代方案是使用汇编语言(Assembly Language)来编写程序,它使用与特定比特模式等价的助记符来引用指令。基于汇编语言编写的代码被称为汇编代码(Assembly Code),可使用汇编器(Assembler)将汇编代码转换为机器代码。

与高级语言相比,汇编语言的使用条件更为严苛。例如,控制流通常只能通过比较-跳转指令来实现,并且很多编程语言中的隐式操作(如访存等)在汇编语言程序中都需要显式地指定。另外,源代码中的特定操作在汇编语言中不一定有直接对应的操作,必须使用多个指令组合以实现其功能。

因此,在编写程序所使用的高级语言和目标机器所理解的汇编语言之间,存在着一条鸿沟。编译器被用来弥合这条鸿沟。[①]

3. 编译器结构

典型的编译器基础架构如图 3-2 所示。首先,编译器前端(Frontend)分析程序的源代码并进行合法性检查,保证程序没有违反编程语言的规则,且不存在语法和语义错误,进而输出与源代码等价的中间表示(Intermediate Representation, IR)代码。IR 代码是一种编译器内部使用的格式代码,可将

---

[①] 编译器本身也是一个需要编译才能执行的程序,这引出了 Catch 22 悖论:第一个编译器是如何编译的?

编译器其他组成部分与高级语言进行解耦。因此，基于同一套编译器基础架构仅改变前端就可支持多种编程语言。

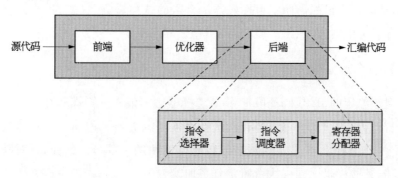

图 3-2 典型编译器基础框架

IR 代码随后输出到优化器（Optimizer）以提高程序的运行效率。常见的程序优化包括死代码消除（Dead-code Elimination，消除永远不会被执行的代码）、常数折叠（Constant Folding，在编译阶段用常量对计算求值）和循环展开（Loop Unrolling，通过复制循环体内的代码来减少循环的迭代次数，从而减少维护循环的开销）。虽然优化器对弥合程序和目标机器之间的鸿沟来说不是必需的，但是仍有很大一部分弥合工作被放置到优化器中实现了（成熟的编译器如 GCC 和 LLVM 在这方面都投入了数百人年的努力）。

最后，优化过 IR 代码被交给后端（Backend），即代码生成器（Code Generator）。代码生成器将 IR 代码转换成汇编代码。后端的首要任务就是决定使用哪些目标机器指令来实现 IR 代码（图 3-3a），该任务由指令选择器

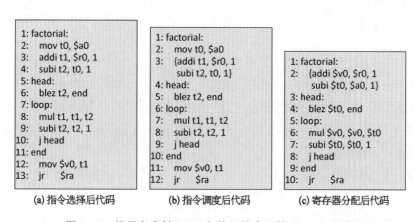

图 3-3 使用多发射 MIPS 架构汇编表示的 factorial 函数

(Instruction Selector)完成。对于选定的指令,后端需要安排指令在汇编代码中出现的次序(图3-3b),该任务由指令调度器(Instruction Scheduler)完成。最后,还需要决定如何使用目标机器上有限的寄存器资源(图3-3c),该任务由寄存器分配器(Register Allocator)完成。

4. 指令选择器

对于给定的IR代码片段P,指令选择器必须最先选择那些在目标机器上的执行行为与P行为一致的指令,选择时须考虑P所属的scope,可以为整个程序、一个函数、一个基本块或者仅仅是基本块的一部分。然而,针对特定目标机器,某些代码序列在执行特定任务时会比其他代码序列更高效。在数字信号处理器(Digital Signal Processor,DSP)中此特性表现得尤为显著,DSP提供了许多定制指令来提高特定算法的性能。根据1994年的研究[12],当未充分利用目标机器能力时,编译器基于C代码为DSP生成的汇编代码的性能比手写汇编代码差了10倍。所以,选择能够生成高质量汇编代码的指令序列是指令选择器的次要目标,这也是最优指令选择的努力方向。

### 3.1.2 机器指令特征

为解决问题并更容易地比较不同的指令选择技术,引入并定义机器指令特征(Machine Instruction Characteristic)的概念,每个特征描述一类指令。前三个特征描述的指令集相互间是正交的,后两个特征可以与其他特征恰当结合。

1. 单输出指令

最简单的一类指令组成单输出指令(Single-output Instruction)。此类指令仅产生单个可见的输出,"可见"指其他汇编代码可操作此数据。它包含所有单操作指令(如加法、乘法和位运算),同时也包含一些更复杂的多操作指令(如前述复杂寻址的内存操作指令)。单输出指令的复杂度不受限,仅要求产生单个可见的输出。

大部分指令集中的绝大多数指令都是此类指令,在精简指令集计算机(Reduced Instruction Set Computer,RISC)架构中,如MIPS中,几乎所有的指令都是单输出指令。因此,所有指令选择器都应该支持这一类指令。

## 2. 多输出指令

多输出指令（Multi-output Instruction）针对相同输入产生多于一个的可见输出。如 divmod 指令根据两个输入值输出商和余数；算术指令在输出结果的同时设置状态标志位。状态标志位是记录计算结果额外信息的单比特，例如标识结果是否溢出或是否为 0。通常认为此类指令具有副作用，但这些比特位不过是指令的额外输出值，可将其归类为多输出指令。访问内存中的值并递增地址指针的存取指令，同样被视为多输出指令。

尽管这种指令并不如单输出指令那么常见，许多架构如 x86、ARM 和 Hexagon 仍提供了这类指令。

## 3. 非相交输出指令

从不同输入产生多个可见输出的指令被称作非相交输出指令（Disjoint-output Instruction）。它们与多输出指令相似，但后者所有的输出都来自相同的输入。换种说法，如果指令针对不同输出形成了不同的模式，则所有模式之间是不相交的。此类指令通常包括单指令多数据流（Single Instruction Multiple Data, SIMD）指令，针对多个不同输入同时执行相同操作。

非相交输出指令在高吞吐量的图形处理架构和 DSP 中很常见，同时也以指令扩展的形式出现在 x86 架构中，如 SSE 和 AVX[13]。近年来，一些 ARM 处理器也增加了这类扩展[14]。

## 4. 块际指令

执行行为覆盖多个基本块的指令被称作块际指令（Inter-block Instruction）。例如饱和算术（Saturated Arithmetic）①和硬件循环指令（Hardware Loop Instruction，重复执行指定次数固定指令序列）。

## 5. 相依指令

最后一类是相依指令（Interdependent Instruction），指那些与其他指令结

---

① 在饱和算术指令中，计算值被"限制"在特定范围内。例如，如果允许范围是 $-128 \leqslant x \leqslant 127$，那么 $100+80$ 的饱和和为 127。这类运算在信号处理应用中很常见，可通过先执行算术运算再检测是否越界的方法来实现。实际上，LLVM 编译器将增加饱和算术内联函数（compiler intrinsics）以支持对此类指令的选择[51]。

合时附有额外限制的指令。典型例子是 TMS329C55x 指令集中的 add 指令，当 add 指令使用特定寻址模式时，不可与 rpt 指令结合使用。

相依指令很少见，但可以在复杂的异构系统（如 DSPs）中找到。目前，编译器很难处理这类指令，主要因为它们违背了主流编译器底层技术所基于的假设。

### 3.1.3 最优指令选择

使用最优指令选择（Optimal Instruction Selection）这一术语时，多数研究使用如下定义：

**定义 1.1** 对于给定指令集 $I$，$\forall i \in I$，其成本为 $c_i$，当且仅当对于任意输入 $P$，一个指令选择器可以基于 $I$ 产生一个多重集①$S$，使得 $S$ 满足期待功能且不存在其他可选的多重集 $S'$ 满足 $\sum_{s' \in S'} c_{s'} < \sum_{s \in S} c_s$ 时，这个指令选择器就是最优的。

换句话说，同一个指令集的使用如果无法生成成本更低的汇编代码，则这个指令选择器就是最优的。

这个定义存在两点不足。其一，"指令集 $I$"不必包括目标机器支持的所有指令。所以 $I$ 通常只包括指令选择器支持的指令，存在使用那些 $I$ 之外的指令而生成更高效汇编代码的情况。基于类似指令集的指令选择器之间、指令集差异很大的指令选择器之间所进行的对比，不同选择器均可视为最优的，即使某个选择器生成的代码显然要比另一个所生成的更高效。可行解决方案是要求集合 $I$ 包含所有可用的指令，但这使得所有的指令选择技术都成为非最优的，因为除去最简单的指令，总存在一些不支持的指令，但使用这些指令却可以提高特定程序代码的质量。应注意的是，指令选择器对于某种表示形式程序是最优的，并不意味着对其他表示形式程序也是最优的。所以，两个最优的指令选择器即使支持相同的指令集，但接收不同形式的程序，它们也无可比性[15]。

其二，两个待比较的指令选择器可选择不同的指令，并经指令调度和寄存器分配最终生成质量不成比例的代码。例如选择一系列指令来实现一系列可独立执行的、互不妨碍的操作。存在两种方案：使用两条指令，每个指令占用两个周期，因此总成本为 4；使用一条三时钟周期的指令，总成本为 3。根据前文定义，第二种选择是最优的，因为其总成本更低。但如果目标机器支持多条指令并行执行，那么方案一是更优的，因为同时执行两条指令只需两个周期。

---

① 多重集（multiset）指允许重复元素的集合。

因此，成本的计算不能直接相加，它还取决于优化标准和目标机器特性。

但是，方案二依赖指令调度器进行并行调度。因此，指令选择器的选择会影响指令调度器的调度。在拥有多类寄存器的异构系统中，同样的依赖关系也存在于指令选择器和寄存器分配器之间。如果指令不能访问所有的寄存器，则选择的特定指令可能会强迫寄存器分配器分配特定的寄存器，给代码质量带来潜在的消极影响。至此，我们引出一个著名的代码生成论断：**代码生成是指令选择、指令调度和寄存器分配相互影响的复杂系统，三者以复杂的反直觉的方式决定汇编代码的质量**。因此，为了生成最优的代码，需要对三者做通盘考虑。对此已有许多尝试，本书也会阐述部分内容。

如果独立的最优指令选择概念不那么重要，为何它在编译器社区和研究论文中的地位又是不可撼动的？原因有二：① 大部分编译器的代码生成都是分阶段执行的；② 有利于编写机器描述（Machine Description）。往指令集 $I$ 中增加一条新的机器指令或规则不会降低最优指令选择器生成代码的质量，但新扩展可能会使贪婪指令选择器生成更差的代码。

综上所述，我们接下来会尽量少用最优指令选择这一术语，代而使用最优模式选择（Optimal Pattern Selection），且定义起来不那么麻烦（尽管也不完美）。

### 3.1.4 指令选择的早期发展

首批机器代码生成的论文[16]~[19]发表于 20 世纪 60 年代早期，主要关注如何基于累加寄存器（Accumulator Register）在目标机器上计算算术表达式。累加寄存器在指令中不仅提供输入数据还接收输出数据（如 $a \leftarrow a + b$）。此使用模式在早期目标机器中占据主流，因当时处理器仅拥有少量寄存器。如此，硬件制造过程简单，然而汇编代码的生成却变得复杂，因计算表达式的同时还要使累加寄存器和内存间的数据交换次数达到最小。

Sethi 和 Ullman[20]随后将首批方法拓展到拥有 $n$ 个通用寄存器的目标机器上。在 1970 年的一篇文章中，Sethi 和 Ullman 引入一个新算法，为含有公共子表达式（Common Subexpression）的算术语句求值并生成指令条数尽量少的汇编代码。1976 年，Aho 和 Johnson[21]进一步拓展了该工作，结合动态规划开发了可以支持更复杂寻址模式的代码生成算法，如间接寻址。该方法影响了后来许多指令选择技术。

早期技术的一个共同点是它们忽略或规避了指令选择问题。例如，Sethi 和 Ullman、Aho 和 Johnson 的设计都假设目标机器有精确的数学特性，且没有任何特殊的指令和多类寄存器。由于很少有机器能满足他们的假设,这些算法在实际中无法直接应用。

由于缺少形式化的方法,首批指令选择器一般基于临时算法且是手工编写的。这意味着要在效率和通用性之间进行取舍:如果指令选择器太通用,则生成的汇编代码可能不够高效;如果指令选择器与特定目标机器耦合的紧密程度过高,则会限制对其他机器的编译支持。因此,为使指令选择器适配不同目标机器,需要人工修改和重写底层算法。对于拥有多类寄存器且不同指令访问不同寄存器的不规则架构来说,原始的指令选择器可能根本无法使用。

### 3.1.5 相关知识及定义

为方便后续章节的介绍和阐述,3.1.5 中的第 1 小节首先介绍图论中的基本概念知识,接下来的第 2 和第 3 小节分别给出本书使用的图匹配和图全覆盖的定义。需明确一点:本书使用的图匹配概念不同于图论[22]中的匹配,也不同于图论模型覆盖。

1. 图论相关概念

**无向图**:一个无向图 $G$ 是一个有序三元组 $G=(V(G),E(G),\psi_G)$,其中,$V(G)\neq \Phi$ 是顶点集合,任给 $v\in V(G)$ 称为一个**顶点**;$E(G)$ 是边集合,任给 $e\in E(G)$ 称为一条边;$\psi_G:E(G)\rightarrow \{\{u,v\}|u,v\in V(G)\}$ 称为边与顶点之间的关联函数。

**完全图**:$n$ 个顶点的完全图 $K_n$ 是一个简单图,其中任意两个顶点都相邻。

**二分图**:二分图 $G$ 的顶点集合可以划分为 $V(G)=X\bigcup Y$,其中 $X\neq \Phi$,$Y\neq \Phi$ 且 $X\bigcap Y=\Phi$,使得 $X$ 内任意两个顶点不相邻,$Y$ 内任意两个顶点之间也不相邻。

**顶点度数**:给定无向图 $G$,$v\in V(G)$ 是 $G$ 的一个顶点,$v$ 的度数 $deg(v)$ 定义为

$$deg(v)=d_1(v)+2\times l(v)$$

其中,$d_1(v)$ 为 $v$ 关联的非环边数,$l(v)$ 为 $v$ 关联的环边数。

**子图**:给定图 $G=(V(G),E(G))$ 与 $H=(V(H),E(H))$,若 $V(H)\subseteq V(G)$ 且 $E(H)\subseteq E(G)$,则称 $H$ 是 $G$ 的一个子图,记作 $H\subseteq G$。

**图同构**:给定图 $G=(V(G),E(G),\psi_G)$ 与 $H=(V(H),E(H),\psi_H)$,若

存在两个一一映射 $\theta: V(G) \to V(H)$ 和 $\phi: E(G) \to E(H)$ 使得任意 $e \in E(G)$，当且仅当 $\psi_G(e) = uv$ 时，有 $\psi_H(\phi(e)) = \theta(u)\theta(v)$，则称图 $G$ 与图 $H$ 同构，记作 $G \cong H$。

**匹配**：设 $M$ 是图 $G$ 的边子集，且 $M$ 的任意两条边在 $G$ 中都不相邻，则称 $M$ 是 $G$ 的一个**匹配**。$M$ 中同一条边的两个端点称为在 $M$ 中**相配**。$M$ 中边的端点称为被 $M$ **许配**。若 $G$ 中所有的顶点都被 $M$ 许配，则称 $M$ 是 $G$ 的**完备匹配**。$G$ 中边数最多的匹配称为 $G$ 的**最大匹配**。若 $M$ 是 $G$ 的最大匹配，则称 $M$ 中的边数 $|M|$ 为 $G$ 的**匹配数**，记作 $\alpha(G) = |M|$。

基于图论匹配理论的优化求解技术常用于解决实际生活中的优化求解问题，如下两例。

**例 3.1** 设某公司有员工 $x_1, x_2, \cdots, x_m$，有一些工作 $y_1, y_2, \cdots, y_n$ 需要分配给这些员工。通常一个员工只适合做某些工作，而不适合做另外一些工作。工作分配的原则是每个人只能做一份工作，每一份工作也只能由一个人来做。

我们以每个人、每份工作为一个顶点；若员工 $x_i$ 适合做工作 $y_j$，则在 $x_i$ 与 $y_j$ 之间连一条边，这样构成一个二分图 $G$。若给员工 $x_i$ 分配工作 $y_j$，则相当于在 $G$ 中选择边 $x_i y_j$。按照工作分配的原则，我们进行工作分配时是在 $G$ 中选择一个边子集 $E' \subseteq E(G)$，使得 $E'$ 中任意两条边都没有公共端点。若使得每个人都有工作且每份工作都有人去做，则需要 $G$ 中每个顶点都是 $E'$ 中某条边的端点。如果做不到，我们希望有工作的员工人数越多越好，即要求 $E'$ 中的边数最多。例如，设有 4 名员工 $x_1, x_2, x_3, x_4$，4 份工作 $y_1, y_2, y_3, y_4$，每个人适合做的工作分别为 $x_1: y_1, y_2, y_3; x_2: y_1, y_2; x_3: y_3, y_4; x_4: y_3$。图 3-4 为对应的二分图，$E'_1 = \{x_2 y_1, x_1 y_3, x_3 y_4\}$ 对应于一个工作分配方案，而 $E'_2 = \{x_1 y_1, x_2 y_2, x_3 y_4, x_4 y_3\}$ 对应的工作分配方案使得每个人都有工作且每份工作都有人去做。

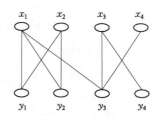

图 3-4 工作分配对应的二分图

**例 3.2** 设有一个残缺的 $m \times n$ 棋盘，我们使用 $1 \times 2$ 的多米诺骨牌来覆盖它，要求：① 骨牌不能覆盖残缺的位置；② 骨牌间不能有重叠。问能否将所有非残缺的位置都覆盖到？若不能覆盖所有残缺的位置，最多能够覆盖上多少张牌？

参见图 3-5 中的例子，其中有残缺的位置标记为"*"。我们将所有非残缺的位置分别标记成 $X = \{x_1, x_2, \cdots, x_m\}$ 与 $Y = \{y_1, y_2, \cdots, y_n\}$ 两类，使得 $X$ 中

的位置只能与 $Y$ 中的某些位置由同一块多米诺骨牌覆盖。与上例类似，我们以每个位置作为一个顶点，如果两个位置可以由同一块多米诺骨牌覆盖，则在两者之间连一条边，构造一个图 $G$。则 $G$ 中一条边对应于覆盖了一张牌，$G$ 的一个边子集 $E'$ 对应于骨牌覆盖的一种方式。由于要求骨牌间不能有重叠，$E'$ 中的两条边不能有公共端点。如果骨牌能够覆盖所有非残缺的位置，则要求 $G$ 中每个顶点都是 $E'$ 中某条边的端点。若这种方案不存在，则希望 $E'$ 中的边数最多。

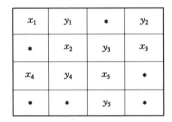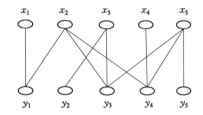

图 3-5 残缺棋盘及其对应的二分图

**覆盖**：设 $G$ 是一个图，$C$ 是其顶点集合的子集，即 $C \subseteq V(G)$，若 $G$ 中任意一条边都有一个端点属于 $C$，则称 $C$ 是 $G$ 的一个**覆盖**。若 $C$ 是 $G$ 的一个覆盖，但 $C$ 的任何真子集都不是 $G$ 的覆盖，则称 $C$ 是 $G$ 的**极小覆盖**。若 $C^*$ 是 $G$ 的一个覆盖，且不存在 $G$ 的覆盖 $C$，使得 $|C| < |C^*|$，则称 $C^*$ 是 $G$ 的**最小覆盖**，且称 $|C^*|$ 是 $G$ 的**覆盖数**，记作 $\beta(G)$。

如图 3-6 给出一个 DFG 图及其对应的两个覆盖示例，图中 a 部分为 DFG 图、b 部分为覆盖方案一，c 部分为覆盖方案二，对顶点集 $C$ 中的顶点进行了标灰处理。

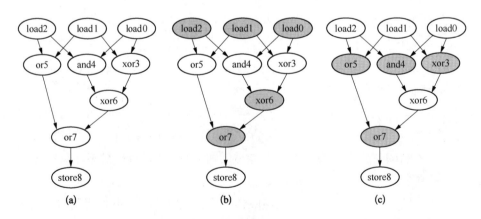

图 3-6 一个 DFG 图及其对应的覆盖

2. 图匹配定义

针对树、DAG 或图而言,本书使用的匹配含义是一致的,且树和 DAG 可被当作图的特殊形态,下面仅以图匹配为例进行定义。

使用图匹配技术对 DFG 图进行子图匹配的目的是将 DFG 图中的操作恢复成软件定义芯片支持的算子操作。

针对 DFG 图的图匹配示例见图 3-7,直观地展示了图匹配的匹配过程及效果。

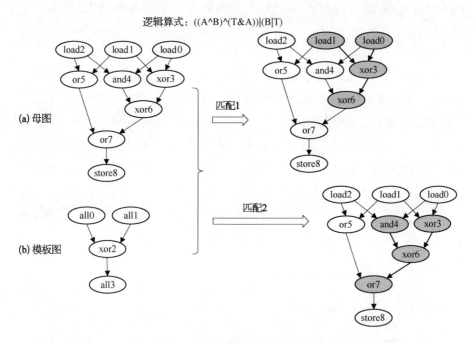

图 3-7 DFG 图的图匹配示例

本书使用的图匹配技术要求模板图与母图(待匹配区域)中涉及的结点和边要一对一完全配对,才算匹配成功。如图 3-7 中,模板图 b 中的 all0 和 all1 结点是模板的输入结点,all3 是输出结点,模板图中的输入结点和输出结点可以匹配母图中的任意结点,例如:all0 结点在匹配 1 和匹配 2 中可分别匹配结点 load0、load1、xor3 或 and4;all1 结点在匹配 1 和匹配 2 中可分别匹配结点 load1、load0、and4 或 xor3;all3 结点在匹配 1 和匹配 2 中可分别匹配结点 xor6 和 or7。

因此，图论中的匹配和覆盖模型无法满足从 DFG 图中恢复软件定义芯片算子操作的诉求。

基于 3.1.5 的第 1 小节中介绍的图同构理论可基本满足算子恢复的任务要求，但需要对图同构的定义进行适当的调整，设计成适合软件定义芯片算子恢复的图匹配理论，具体定义如下。

**图匹配**：给定母图 $G = (V(G), E(G), \psi_G)$ 与模板图 $H = (V(H), E(H), \psi_H)$，若存在 $S = (V(S), E(S), \psi_S)$ 是 $G$ 的一个子图，且存在两个一一映射 $\theta: V(H) \rightarrow V(S)$ 和 $\phi: E(H) \rightarrow E(S)$ 使得任给 $e \in E(H)$，当且仅当 $\psi_H(e) = uv$ 时，有 $\psi_S(\phi(e)) = \theta(u)\theta(v)$，则称 $H$ **图匹配** $S$，记作 $H \equiv S$。

3. 图全覆盖定义

针对树、DAG 或图而言本书使用的全覆盖（Full Coverage）的含义是一致的，且可认为树和 DAG 是图的特殊形态，下面仅以图全覆盖为例进行定义。

**图全覆盖**：给定母图 $G = (V(G), E(G), \psi_G)$ 与模板图集合 $S_H = \{H_1, H_2, \cdots, H_n\}$，对任意 $h \in S_H$，$h$ 都图匹配 $G$ 的某个子图，且 $S_H$ 包含图 $G$ 的所有结点和所有边，每个结点至少可被包含一次，每条边仅被包含一次，则称图 $G$ 被 $S_H$ 全覆盖，或 $S_H$ 全覆盖图 $G$。

3.1.5 的第 2 与第 3 小节给出的图匹配和图全覆盖定义适用于后续所有章节，树匹配和树全覆盖、DAG 匹配和 DAG 全覆盖则不言自明。

### 3.1.6 指令选择的基础分类

1. 基于宏扩展的指令选择

首批将指令选择作为一个独立问题并提出专门解决方法的文章发表于 20 世纪 60 年代晚期，它们是基于宏扩展（Macro Expansion）原理。在这些设计中，指令选择器在程序中进行模板（Template）匹配，匹配成功时，宏扩展器（Macro Expander）使用匹配的程序字符串作为参数进行宏替换。每个编程语言构件都有自己的宏定义，以输出目标机器对应语义的汇编代码。为更好地利用指令集，可将多个语言构件组合为单个模板。对于给定程序，指令选择器将遍历程序进行模板匹配，并在匹配成功时进行宏替换。如果部分代码无法与任何模板匹配，那么指令选择器会失败并报错，说明无法为该程序生成特定目标机器的合法汇编代码。

模板匹配过程对应于模式匹配问题，在多个匹配的宏中进行选择对应于模式选择问题。目前来看，所有宏扩展指令选择器会立即选择第一个匹配成功的宏，因此第二个问题被完全跳过。

将宏的实现与指令选择器的核心实现（负责模板匹配与宏替换的部分）解耦意味着实现可变目标编译器变得更简单了，只需重定义宏即可。这和早期整体化的设计形成鲜明对比，早期设计经常需要完全重写整个代码生成器。

2. 基于树的指令选择

基于宏扩展的指令选择器面临的主要问题是其处理的 scope 仅局限于单个 AST 或 IR 结点。因此丧失了和周围指令组合优化的机会，导致代码质量较低。另外，宏扩展指令选择器一般将模式匹配与模式选择整合到一起来完成，难以考察指令组合并从中选择生成最好的汇编代码。

该问题可以通过树全覆盖（Full Coverage of Tree，FCT）方法来加以解决，它是当前文献最常使用的技术之一。

1) 策略

假设我们可将程序表示为一组程序树，同时假设可将每条指令建模成模式树（Pattern Tree），无歧义时直接称为模式。树匹配可用的所有模式称为模式集（Pattern Set）。指令选择问题则转换为模式匹配与模式选择问题，即程序树中所有结点都至少被一个模式覆盖的模式子集获取的问题。其中，指令选择中模式匹配与模式选择是两个独立的问题。前者为给定程序树找出哪些模式是可以使用的、在哪里使用，针对同样的模式集与程序树，可存在多种匹配；后者从这些匹配中选择一个子集，以达成对程序树合法且高效的覆盖。对大多数目标机器而言，不同模式之间会存在大量的匹配重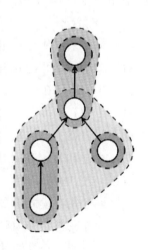叠，即一个模式匹配的程序树结点与其他模式匹配的结点间存在重合。一般而言，我们希望用尽量少的模式完全覆盖程序树。原因如下：

- 力求所选模式的数量达到最小，意味着更偏向大的模式。这会使用更复杂的指令，一般会获得更好的代码质量。
- 所选模式间的重合力求越少越好，即相同的值只会在需要时才被多次计算。最小化冗余操作是提升性能和减小代码体积的关键因素。

总的来说，模式选择问题的最优解不是所选模式数目最少的解，而是所选模式的总成本最小的解。这允许模式成本可以根据优化目标而变化，尽管模式数目和总成本之间一般有很高的相关性。然而，需要注意模式选择的最优解并不一定意味着汇编代码的最优解。最优模式选择不像最优指令选择有那么多争议，因为仅需要考虑模式集中可用的模式，而不是从 ISA 对应的所有模式中进行选择。

为树全覆盖问题找到最优解是非平凡的，若只允许特定的模式组合，这一问题将变得更加困难。可以肯定的是，我们绝大多数人都很难想出一个有效的方法来找到整个模式集的所有合法匹配。

3. 基于 DAG 的指令选择

树全覆盖策略存在两个重要的缺陷。第一个缺陷在于程序树无法对公共子表达式进行正确建模和表示；第二个缺陷是许多机器指令特性无法使用模式树建模，如多输出指令。这些缺点主要源自树自身的使用限制，可将树全覆盖拓展为 DAG 全覆盖以获取更强大的指令选择方法。

1) 策略

树如果放开对每个结点只能有一个父结点的限制，可得到有向无环图 (Directed Acyclic Graph，DAG)。因为 DAG 允许结点拥有多个父结点，表达式的中间值可在同一个程序 DAG(Program DAG) 中得到共享与复用。同样，模式 DAG(Pattern DAG) 可包含多个根结点，可产生多个输出值，因此可支持对多输出指令的处理。

由于 DAG 与树相比限制较少，DAG 全覆盖需要全新的方法以解决模式匹配与模式选择问题。模式匹配一般用以下方法之一加以解决：

- 首先将模式 DAG 分割成树，分别进行匹配，然后将匹配的模式树整合成初始 DAG 形式。一般来说，在 DAG 中匹配树是一个 NP 完全问题[23]，但如此设计会以牺牲完备性为代价以保持线性时间复杂度。
- 直接使用通用子图匹配算法匹配模式 DAG。尽管此类算法在最坏情况下的时间复杂度为指数级，但它们通常可在多项式时间内完成任务，因此基于 DAG 全覆盖策略而进行设计的方案变得越来越多。

然而，就程序 DAG 在最优模式选择的算法复杂度方面而言，却并没有相匹配的解决方案。

2) DAG 上的最优模式选择是 NP 完全问题

DAG 带来的通用性与建模能力是以复杂性的显著增加为代价的。针对程序树选择一套最优模式这一任务可以在线性时间内完成,但在同一程序 DAG 上完成同样的任务却是一个 NP 完全问题。Bruno 与 Sethi[24] 和 Aho 等[25]在 1976 年给出了相关证明,但他们关注的是指令调度和寄存器分配的最优性。在 1995 年,Proebsting[26]针对最优指令选择给出了一个非常简洁的证明;更长、更细节的证明由 Koew 和 Goldstein[27]于 2008 年给出。

该证明所基于的思想是将布尔可满足性(Boolean Satisfiability, SAT)问题转换为最小成本的 DAG 全覆盖问题。SAT 问题的任务是判断一个用合取范式(conjunctive normal form, CNF)编写的布尔表达式是否可被满足。CNF 表达式由布尔变量和布尔操作符∨(或)和∧(与)按照如下结构形式组成:

$$(x_{1,1} \vee x_{1,2} \vee \cdots) \wedge (x_{2,1} \vee x_{2,2} \vee \cdots) \wedge \cdots$$

变量 $x$ 可以取反,记为 $\neg x$。

因为 SAT 问题是 NP 完全问题,所有从 SAT 经过多项式时间变换而成的问题 $\mathcal{P}$ 一定也是 NP 完全的。

(1) 将 SAT 建模成全覆盖问题

首先,我们将 SAT 问题的一个实例 $S$ 转换为程序 DAG。问题的目标是找到 DAG 的一个全覆盖,以便从所选模式集中推断出布尔变量的真值分配。设∨、∧、¬、$v$、○和□为结点类型,并将 $type(n)$ 定义为结点 $n$ 的类型。□和○分别称为框结点(Box Node)和停止结点(Stop Node)。现在,对每个布尔变量 $x \in S$,我们创建两个结点 $n_1$ 和 $n_2$,使得 $type(n_1) = x$,且 $type(n_2) = □$,并将它们添加到程序 DAG 中。同时我们还需添加一条边 $n_1 \rightarrow n_2$。对每个二进制布尔运算符 $op \in S$,同样创建两个结点 $n_1'$ 和 $n_2'$,使 $type(n_1') = op$ 而 $type(n_2') = □$,并添加一条边 $n_1' \rightarrow n_2'$。为了对 $op$ 操作与其两个输入操作数 $x$、$y$ 之间的连接进行建模,添加了两条边 $n_x \rightarrow n_1'$ 和 $n_y \rightarrow n_1'$,且 $type(n_x) = type(n_y) = □$。对一元操作¬,我们仅需要一条边,由于∨和∧是可交换的,边的排列顺序对操作符结点而言无关紧要。可在线性时间内遍历布尔公式并构建对应的程序 DAG,只有□框结点可具有多个出边,图 3-8b 给出了一个 DAG 图示例。

(2) 布尔运算即模式

为全覆盖程序 DAG,我们将使用图 3-8a 中给出的模式树,并将此模式集

称为 $P_{SAT}$。$P_{SAT}$ 中的每个模式都遵循以下规定：

① 如果将变量 $x$ 设置为 $T$(真)，则匹配 $x$ 结点的所选模式将包含 $x$ 对应的框结点。

② 如果操作 $op$ 的计算结果为 $F$(假)，则该模式将不会包含 $op$ 所对应的框结点。

另一种看待该问题的方式是，如果模式中的操作符结果值必须设置为 $T$，则消耗一个框结点；如果结果必取值为 $F$，则操作符对应的框结点将被遗留下来。使用此方法，可通过检查为全覆盖 DAG 而选择的模式是否消耗了变量的框结点，来轻松推断出变量的真值分配情况。针对停止结点的模式，整个表达式将被强制计算为 $T$。

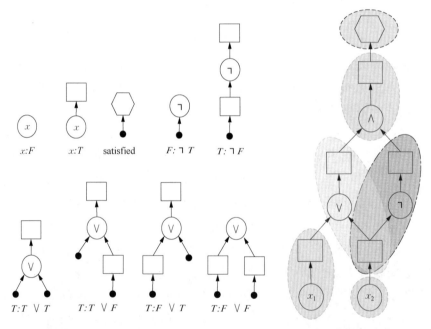

(a) SAT 模式，关于 ∧ 操作符的模式没有列出，假设所有模式具有相同的单位成本

(b) 用 DAG 全覆盖问题表示 SAT 问题的例子

图 3-8 将 SAT 转换为 DAG 全覆盖

除了上述结点类型外，模式还可以包含额外类型的结点 •，称其为锚结点 (Anchor Node)。设 $numch(n)$ 表示结点 $n$ 的孩子数，$child(i, n)$ 表示 $n$ 的第 $i$ 个孩子。则当且仅当：

① $type(n) = type(p_r)$，

② $numch(n) = numch(p_r)$，且

③ $type(child(i,n)) = \bullet \lor child(i,n)$ 匹配 $child(i,p_r)$，$\forall 1 \leqslant i \leqslant numch(n)$，根结点为 $p_r$ 的模式 $p$ 匹配 DAG $(N,E)$ 中以结点 $n \in N$ 为根的部分。

换句话说，模式树的结构必须与对应 DAG 中的匹配子图的结构完全匹配，包括任何结点类型和所有边，锚结点除外。

还需引入两个新定义，$matchset(n)$ 和 $matched(n,n_p)$：对于程序 DAG $G = (N,E)$ 中的结点 $n \in N$，$matchset(n)$ 是 $n$ 结点匹配的 $P_{SAT}$ 中的模式集；并且对选定的匹配模式 $(N_p, E_p)$ 中的结点 $n_p \in N_p$，$matched(n, n_p)$ 表示与 $n_p$ 匹配的结点 $n \in N$。最后，当且仅当对于每个 $n \in N$ 都满足以下约束：

① $p$ 匹配 $n$，$\forall p \in f(n)$，

② $type(n) = \bigcirc \Rightarrow f(n) \neq \phi$ 并且

③ $type(n_p) = \bullet \Rightarrow f(matched(n, n_p)) \neq \phi$，$\forall p = (N_p, E_p) \in f(v)$，$n_p \in N_p$，

我们说 $G$ 被函数 $f: N \rightarrow 2^{P_{SAT}}$ 全覆盖，$f$ 函数将程序 DAG 中的结点映射到一组模式。

第一个约束强制要求只选择有效的匹配项，第二个约束强制要求选择一些匹配来覆盖停止结点，第三个约束强制要求选择的匹配可以全覆盖 DAG 的其余部分。因此，最优全覆盖是一个映射函数 $f$，它全覆盖程序 DAG 并且使目标 Tg 达到最小，其中 $cost(p)$ 是模式 $p$ 的成本。

$$\text{Tg} = \sum_{n \in N} \sum_{p \in f(n)} cost(p)$$

（3）DAG 全覆盖的最优解逻辑蕴含 SAT 的解

如果程序 DAG 的最优全覆盖总成本等于非框结点的数量，则相应的 SAT 问题是可满足的。由于 $P_{SAT}$ 中的所有模式都仅覆盖一个非框结点且具有相同成本，即 DAG 中的每个结点都恰好被一个模式匹配。同时，这意味着每个布尔变量和操作符结果都将得到一个假定的值，通过检查所选匹配即可推断出结果。

以上阐述证明我们可在多项式时间内将 SAT 问题的实例转换为最优 DAG 全覆盖问题的实例而加以解决。因此，最优 DAG 全覆盖及基于 DAG 全覆盖的最优指令选择都是 NP 完全问题。

4. 基于图的指令选择

尽管 DAG 全覆盖比树全覆盖更通用，可提供更强大的指令选择方法，但

它仍然不足以处理程序和指令的所有特性。例如,loop 语句引入的控制流无法使用 DAG 建模,因为它需要使用环进行描述,违反了 DAG 的定义。基于程序图(Program Graph)可得到图全覆盖(Full Coverage of Graph, FCG),它是覆盖的最通用的形式。

1) 策略

在基于 DAG 全覆盖的指令选择器中,针对程序每次只能建模一个基本块,这是因为环不能出现在程序 DAG 中。解除此限制,我们就可以将控制流和数据信息整合进程序图中,从而可将整个函数建模为一个图。基于图而选择指令被称为全局指令选择(Global Instruction Selection),与传统的局部指令选择器相比具有许多优点。其一,整个函数作为输入,全局指令选择器可综合考虑更多的信息,最终给出优于局部模式选择的指令选择方案。此外,它可将操作从一个基本块转移到另一个基本块中,进而更好地利用指令集,此操作被称为全局代码外提(Global Code Motion)。其二,处理块际指令需要同时对控制流和数据信息建模,必须使用含有环的图来描述此模式。这使得图全覆盖成为指令数更少但能更高效地使用指令的关键方法之一,生成汇编代码使用更少的指令和更高效的指令对当代的目标机器愈加重要,特别是对嵌入式系统和高性能计算而言,因能耗和散热正成为越来越重要的因素。

然而,从模式 DAG 过渡到模式图,我们再也无法使用为树和 DAG 设计的模式匹配技术,必须诉诸子图同构领域的方法来解决该问题,图 3-9 比较了时间复杂度。

|  | 模式匹配 | 最优模式选择 |
| --- | --- | --- |
| 树 | 线性 | 线性 |
| DAG | NP完全 | NP完全 |
| 图 | NP完全 | NP完全 |

图 3-9　不同程序表示下模式匹配和最优模式选择问题解决的时间复杂度

2) 模式匹配问题是子图同构问题

子图同构问题(Subgraph Isomorphism Problem)是检测任意图 $G_a$ 能否通过旋转、扭曲或镜像操作形成另一个图 $G_b$ 的子图,我们称 $G_a$ 是 $G_b$ 的同构子图(Isomorphic Subgraph),该问题的判定是 NP 完全的[28]。显然,这是对模式匹配问题的一种推广,辅以合适的约束即可将子图同构问题转换成原始模式匹配问题加以求解。[1]

子图同构在诸多领域都有涉及,对该问题已进行了很多研究[29]~[37]。在此,我们主要关注 Ullmann 算法和另一个由 Cordella 等提出的常用算法。另外,我们还将讨论一种针对特定类型图可在多项式时间内解决图同构问题的算法。

需要注意的是,虽然我们现在使用最通用的形式——图,来表示程序和模式,但模式匹配方法仍然只能根据模式的结构进行匹配从而找到匹配集,而不能基于语义进行匹配。例如,$a*(b+c)$ 和 $a*b+a*c$ 在语义上相同,但是对应图的结构却不同。因此,针对不同程序图进行全覆盖时,即使最终汇编代码的运行结果相同,我们选择的模式可能不同,从而可能得到不同质量的代码。为了解决此问题,Arora 等[38]提出了一种方法:在模式匹配之前,先对程序图进行标准化处理。但该方法局限于算术程序图且不能保证找到所有匹配。

(1) Ullmann 算法

最早且最著名的判定子图同构的算法之一是由 Ullmann[37]提出的,在一篇发表于 1976 年的开创性文章中,Ullmann 将判定图 $G_a=(N_a,E_a)$ 是否是另一个图 $G_b=(N_b,E_b)$ 的同构子图的问题表述为寻找满足以下条件的布尔矩阵 $M$ 的问题,矩阵 $M$ 的尺寸为 $|N_a|\times|N_b|$:

$$C = M \cdot (M \cdot B)^T$$

$$a_{ij}=1 \Rightarrow c_{ij}=1, \forall 1\leqslant i\leqslant |N_a|, 1\leqslant j\leqslant |N_b|$$

$A$ 和 $B$ 分别是 $G_a$ 和 $G_b$ 的邻接矩阵(Adjacency Matrix),$a_{ij}$ 是 $A$ 的元素。类似地,$c_{ij}$ 是 $C$ 的元素。当上述条件被满足时,$M$ 的每一行必须且仅包含一个 1,$M$ 的每一列至多包含一个 1。

一个简单的求解 $M$ 的方法如下,首先将所有元素 $m_{ij}$ 初始化为 1,随后迭代地将它们设置为零,直到找到一个解。但这种暴力搜索法面临着组合爆炸问题,因而不会有效。因此,Ullmann 尝试开发一个子程序,用来删除部分不可能出现在任何解中的 1 赋值以缩小搜索空间。据 Cordella 等[29]介绍,即便采用这一优化,该算法的最差时间复杂度仍为 $O(n!n^2)$。

(2) VF2 算法

在 2001 年,Cordella 等[29]给出了另一个名为 VF2 的子图同构算法,该算法被用于几个基于 DAG 和基于图的指令选择器。

---

[1] 大部分从指令派生的模式在不改变其语义的前提下进行何种变换是有限制的。例如,因加法满足交换律其操作结点的入边可以交换,但是减法与除法结点就不能如此处理。

总的来说，VF2算法通过构建一个由配对数据$(n,m)$组成的映射集合来找到问题的解，其中$n \in G_a$，$m \in G_b$。递归地向映射集合中添加新的配对数据，每次仅添加一个，直到获取一个解或进入一个死胡同。为避免后者出现，添加配对数据前都会按照一组规则进行检查。这些规则由一组$F_{syn}$给出的语法可行性检查和一个由$F_{sem}$给出的语义可行性检查所组成。为了不涉及过多细节，$F_{syn}$的定义如下：

$$F_{syn}(s,n,m) = R_{pred} \vee R_{succ} \vee R_{in} \vee R_{out} \vee R_{new}$$

这里$n$和$m$组成待添加的候选对，$s$代表当前映射集。前两个规则$R_{pred}$和$R_{succ}$被用于保证新的映射集与$G_a$和$G_b$的结构保持一致，其余三个规则被用来剪裁搜索空间。在搜索中，$R_{in}$和$R_{out}$根据多向前看一步的原则发挥作用，保证$G_b$中还有足够的未映射结点可供$G_a$的剩余结点进行映射。类似的，$R_{new}$执行多向前看两步的操作。如有必要，可轻易地修改规则来进行图同构检查，并要求$G_a$和$G_b$的结构是刚性的——不允许进行扭曲与旋转操作以完成匹配，这更符合我们的目的。可通过自定义$F_{sem}$来添加额外的检查，例如保证结点类型相兼容。

尽管该算法的最差时间复杂度为$O(n!n)$，但是最好时间复杂度是多项式的，它是一个针对超大程序图进行模式匹配的高效方法。例如，Cordella等[29]在报告中称VF2算法已成功地处理了一批分别包含数千结点的程序图。

（3）时间复杂度为$O(n^2)$的图同构

Jiang和Bunke[39]~[41]发现，如果图是有序的，即所有属于同一个结点的边是有序的，那么针对无向图可在多项式时间内解决图同构问题。因为有序图包含了在模式匹配时可使用的额外结构信息。

Jiang和Bunke的算法基本步骤如下：从某些结点开始，基于当前结点的边顺序采用宽度优先搜索法遍历第一个图$G_a$。首次访问结点$n$时，为其分配一个唯一的序号，每次遇到结点$n$，不论是否已被访问过，都将$n$的序号记录到一个序列中。该序列的长度永远是$2m$，其中$m$是$G_a$的结点数，因为可以证明每条边都会被精确地遍历两次（每个方向一次）。从结点$n$开始将$G_a$生成的序列记作$S(G_a,n)$，针对图$G_b$进行相同的操作，如果$G_b$中存在一个结点$m$使得$S(G_b,m) = S(G_a,n)$，那么$G_b$一定与$G_a$同构。该算法的最坏时间复杂度为$O(e^2)$，其中$e$是两个图的总边数。

与Ullmann和Cordela等的方法相比该算法有显著的提升，但因几个显著的限制,它很难被应用到实际中来。首先,它要求所有的程序图和模式图都是有序的,这对于指令选择不总是成立的(包含可交换结点的图违反了此约束)。其次,当前算法仅判定图同构而不支持子图同构处理,即仅能应用于全覆盖整个程序图的模式。尽管第一个问题可通过为可交换结点复制模式来解决,但第二个问题却比较难处理。

### 3.1.7 指令选择的归质任务划分

根据 3.1.6 节对基于树、DAG 和图的指令选择的介绍,可发现指令选择工作基本分为两部分:指令匹配和匹配指令选择。

参照 3.1.3 节,可以使用模式(Pattern)捕获指令的语义,将指令选择问题形式化地表述为以下两个子问题:

模式匹配问题(Pattern Matching Problem):找到可以实现给定 IR 代码片段功能的多组指令序列。

模式选择问题(Pattern Selection Problem):决定使用何种指令序列来实现给定 IR 代码片段的功能。

子问题一是寻找候选指令序列,大部分指令集合一般是非正交的,即一种行为通常存在多种实现方式;子问题二是从候选指令序列集合中选择一个。不同技术的解决思路不同,有些将两个问题合并解决,有些分开解决,主要区别在于模式选择的具体实现不同。问题二通常被形式化地表述为优化问题:每个指令都赋予一个成本值,优化目标是最小化所选指令序列的总成本。成本是用于优化选择的程序属性抽象,比如程序运行时间、代码体积或能耗等。通常选择最小化的运行时间作为选择标准来获得程序最佳性能。

## 3.2 技术介绍

### 3.2.1 初级技术

**1. 贪心法**

针对 DAG 基于最优模式选择进行指令选择是一件非常困难的计算任务,大部分基于该策略的指令选择器都不是最优的。Aho 等[25]开发了第一款针对 DAG 的代码生成器。在 1976 年的文章中,Aho 等介绍了一些针对可交换单寄存器机器生成汇编代码的简单贪心启发式方法,此类方法假设程序 DAG 结点和指令之间是一对一映射的,完美避开了指令选择问题。

1) LLVM 使用方法

著名的 LLVM 编译器基础设施[42]使用了一个更灵活的启发式方法,但依然隶属于贪心法。据 Bendersky[43]的博客文章指出,LLVM 的指令选择器基本是一个贪心的 DAG 到 DAG 的重写器。①

基于树的模式使用机器描述表示,允许将公共特征分解成抽象指令。使用工具 TABLEGEN 将抽象指令扩展为模式树,进而将模式树交给匹配器生成器处理。为保证所有模式间的偏序关系,匹配器生成器对模式集按字典序进行排序:首先根据复杂度降序排序,复杂度为模式大小和常量的和,该常量与指令相关可为特定指令提供更高的优先级;然后根据成本升序排序;最后根据匹配子图的大小升序排序。排序完成后,模式被转换为小型递归例程,用其检查对应的模式是否与程序 DAG 的给定结点匹配。这些例程随后被编译成字节码并组织成匹配器表,此表按字典序排序存储。指令选择器通过简单地执行从第一个元素开始的字节码来应用此表。当找到一个匹配后,立即使用此模式的输出(通常是单个结点)替换匹配成功的 DAG 子图。这个过程一直持续到原始程序 DAG 中没有结点为止。

LLVM 的指令选择器仍有几个缺点,尽管已被大量使用(如 https://sourcecodeartisan.com/2020/11/17/llvm-backend-4.html)。最主要的缺点是 TABLEGEN 不支持的模式需要通过手工编写自定义 C 函数才能进行处理;其次,LLVM 不能像 GCC 一样处理所有的多输出指令,因为它只能使用模式树;另外,贪心的方法是以牺牲代码质量为代价的。

2. 基于穷举搜索的方法

虽然穷举搜索可实现最优模式选择,但由于指数量级的组合数,此方案在现实中不可行。然而,却有一些技术循此思路进行了实现,只不过它们使用多种技术对搜索空间进行了修剪处理。

1) 针对 DAG 拓展手段-目标分析

在 Newcomer 与 Cattell 等基于 means-end 分析进行指令选择的二十年

---

① LLVM 还提供有一个"快速"指令选择器,该选择器基于典型的宏扩展实现,仅在没有广泛程序优化的编译中使用。

后,Yu 和 Hu[44,45]重新使用 means-end 分析进行指令选择并提出两方面的主要改进。其一,Yu 和 Hu 的设计支持 DAG,而 Newcomer 和 Cattell 等的设计局限于树。其二,它将分层规划(Hierarchical Planning)[46]与 means-end 分析相结合,分层规划是一种搜索策略,对于许多问题,它都能以一种分层的方式进行安排并达到解决更大更复杂的问题的目的。由于引入了分层规划技术,对搜索空间的穷举遍历成为了可能,同时避免了直接使用 means-end 分析可能陷入死胡同或死循环的问题。

尽管在最坏情况下,其执行时间与搜索的深度成指数关系,Yu 和 Hu 断言,对于搜索深度不大于 3 的情况,可以快速地获得选择结果,并可得到与手写汇编代码性能相当的结果。然而我们不清楚可否将该观点拓展到对块际指令和相依指令等复杂指令的支持。

2) 基于语义保持转换的方法

1996 年,Hoover 和 Zadeck[47]开发的 TOAST 系统致力于根据声明式机器描述自动生成整个编译器框架,同时包括指令调度与寄存器分配。在 TOAST 中,在模式选择过程中基于语义保持转换实现指令选择,从而更好地利用指令集。例如,尽管 $x*2$ 和 $x \ll 1$($x$ 算术左移 1 比特)在语义上等价,且乘法比逻辑移位操作慢,当前者出现在程序 DAG 中时大部分指令选择器通常无法选择后者实现,因为两者对应的模式在语法上是不同的。

该设计的工作流程如下。首先,前端输出由语义原语(Semantic Primitive)组成的程序 DAG,语义原语是一种 IR 代码,可以用来描述指令。然后,使用从指令中派生出的单输出模式对程序 DAG 进行语义匹配。语义匹配由语义比较器(Semantic Comparator)完成,Hoover 和 Zadeck 称语义匹配为 toe-print。语义比较器首先进行语法匹配——使用时间复杂度为 $O(nm)$ 的算法检查结点的类型是否相同,当语法匹配失败时进行语义保持转换。为了穷举搜索所有可能的 toe-print,只有当语义保持转换后可进行语法匹配时才会执行变换。找到所有的 toe-print,统一整合成 foot-print,它对应于一条指令的全部效果。一个 foot-print 可由单个 toe-print 组成(如单输出指令),也可由多个 toe-print 组成(如多输出指令),但论文缺少对此过程实现细节的介绍。最后,根据所有的足迹组合,以找到最优全覆盖程序 DAG 的足迹集。为压缩搜索空间,该设计仅考虑选定足迹且仅与 DAG 中的一个语义原语进行语法匹配的情况,只允许少量的语义原语(如常量)被包含在多个足迹中。

基于实现的原型,Hoover 和 Zadeck 的报告称,针对一个测例可找到约

$10^{70}$ 个"隐含指令匹配",但并不清楚其中有多少是实际可用的。此外,目前状态的设计无法处理实际的程序(非常小的程序除外)以生成汇编代码。

### 3.2.2 模式匹配

1. 首批基于树的模式匹配技术

在 1972 年和 1973 年,首批使用基于树的模式匹配代码生成技术由 Wasilew[48] 和 Weingart[49] 分别提出。本书将简要介绍这两种方法,详细论述参见 Lunell[50] 博士论文。

首先,Wasilew 设计了一种中间表达形式,使用后缀表示法来表示程序(图 3-10),也被称作逆波兰表示法(Reverse Polish Notation)。Wasilew 还开发了专用的编程语言,并提供了将其转换为 IR 代码的编译器模块。目标机器的指令使用表格描述,每条指令包括指令执行时间、代码体积、汇编代码字符串及对应的匹配模式等信息。对程序的每一行,从当前行对应的树的叶子结点开始模式匹配,与模式集的所有模式进行匹配,并标记匹配成功的子树信息;子树进而与其父结点结合,再次与模式集的所有模式进行匹配,直至找不到新的匹配。获得最大匹配后用匹配结果替换子树,然后在树的剩余部分重复上述过程。如果对一个子树找到了多个最大匹配,对每个匹配我们将重复以上流程。通过暴力搜索找到给定程序树的所有模式组合,并根据指令执行时间和代码体积选择成本最低的组合。

```
AWAYm YHPASS assign
K AMA m PMFI 7 – assign
Z K AMA  m ANS assign assign
X 8 + m HEAD X 6 + m I1 + m X 6 + m I2 + m assign
X Y FR AA transfer assign
X INC if - AZ BB transfer
OR m MAJ 4FCOID 4FCOIN if - equa12  1 J + transfer
```

图 3-10 使用 Wasilew 提出中间表达形式描述的程序示例[50]

与早期的宏扩展指令选择器相比(至少在 Davidson-Fraser 方法提出之前),Wasilew 的设计可支持覆盖多个 IR 结点的模式,以利用指令间的优化机会。但暴力搜索导致编译时间过长,且 Wasilew 使用的表示法也难以阅读和编写。

与 Wasilew 不同，Weingart 的设计围绕单个模式树而展开，Weingart 称该树为判别网（Discrimination Net），可以由声明式机器描述自动生成。Weingart 认为使用单个模式树可以更加紧凑高效地表示模式集。构建 AST 的同时将每一个 AST 结点入栈，同时逐步遍历判定网，网中当前结点的子结点与栈顶的结点进行比对，若到达了判定网的叶子结点，就表明找到了一个匹配，并输出匹配模式和相关指令。

与 Wasilew 的设计类似，Weingart 的方法与当时的方法相比有更宽的指令支持，支持覆盖多个 AST 结点的模式。然而，实际应用此设计时存在几个问题：其一，对特定目标机器，构建判定网以支持高效的模式匹配被证明是很困难的，针对 PDP-11，Weingart 面临着许多困难；其二，该设计假设目标机器中至少有一条指令与给定的 AST 结点类型相对应（事实证明并不总是如此），Weingart 引入转换模式（Conversion Pattern）部分解决了该问题，将 AST 中未匹配的部分进行转化以期在后续阶段与某些模式成功匹配，但这需要手动添加，而且可能导致编译器陷入死循环；其三，与宏扩展类似，该方法会在匹配成功后立刻选择匹配的模式。

另一个早期的模式匹配技术由 Johnson[51] 提出，在 Portable C Compiler (PCC) 中实现。PCC 是随 Unix 系统一起提供的第一个著名的标准 C 编译器。Johnson 的工作基于 Snyder[52] 的早期工作，将宏扩展替换为树重写（Tree Rewriting）。为每条指令构建一个程序树并附有重写规则（Rewrite Rule）、子目标、资源要求和汇编字符串。以机器描述的格式给出此信息，允许将多个相似的模式聚合成单个声明，如图 3-11 所示。

模式匹配过程相对简单：对程序树中的给定结点，比对该结点与每个模式的根结点，如配对成功，对此模式当前结点的每个对应子树也进行类似的检查，当模式中的所有叶子全部比对成功时，就找到了一个匹配。由于该算法（伪代码如图 3-12 所示）的时间复杂度为 $O(n^2)$，希望可以使冗余检查次数达到最小。通过维护一组代码生成目标来实现最小化冗余检查，它以整数的形式被编码到指令选择器中。由于历史原因，该整数被称作 cookie，每个模式有一个对应的 cookie 指明该模式在何种情况下可用。如果 cookie 和模式都匹配，尝试分配模式需要的资源（例如，一个模式可能需要一些寄存器），如果成功，则输出相应的汇编字符串，并根据重写规则将程序树中匹配的子树替换为指定结点。不断重复匹配和重写，直到程序树仅剩单个结点，表明整个程序树已被成功转化为汇编代码。如果没有模式可匹配，指令选择器将进入启发式

```
 1: ASG PLUS,      INAREG,
 2:                SAREG,  TINT,
 3:                SNAME,  TINT,
 4:                        0,       RLEFT,
 5:                        "        add   AL,AR\n",
 6: ...
 7: ASG OPSIM,     INAREG | FORCC,
 8:                SAREG,  TINT | TUNSIGNED | TPOINT,
 9:                SAREG | SNAME | SOREG | SCON,TINT | TUNSIGNED | TPOINT,
10:                        0,                RLEFT | RESCC
11:                        "                 OI    AL,AR\n",
```

图 3‑11　PCC 机器描述示例,包含两个模式。第 1 行指定根结点类型(第一个模式对应根结点为+=)及 cookie 信息(结果必须放置到 A 类寄存器中)。第 2 行和第 3 行分别指明了根结点的左右子树,左子树必须是 A 类寄存器中的 int 型数据,右子树必须是一个 int 型的 NAME 结点。第 4 行说明不需要寄存器或临时寄存器,程序树匹配的部分会被此模式的左子树替换。第 5 行和第 11 行声明了汇编字符串,小写字母是实际输出的结果,大写字母表示宏调用(AL 代表"左操作数的地址形式",AR 与之类似),宏调用的结果被放入到汇编字符串中。第二个模式中,可以通过 OR 将多个约束结合在一起,允许用更简洁的方式描述多个模式[53]

模式,程序树被部分重写直到某个模式匹配成功。例如,为成功匹配 $a = reg + b$ 模式,$a+=b$ 会先被重写为 $a = a + b$,然后会尝试将操作数 $a$ 放到寄存器中并再次重写。

```
FINDMATCHSET(program tree rooted at node n, set P of pattern trees):
  1: initialize matchset as empty
  2: for each pattern p∈P do
  3:     if MATCHES(n, p) then
  4:         add p to matchset
  5:     end if
  6: end for
  7: return matchset

MATCHES(program tree rooted at node n, pattern tree rooted at node p):
  1: if n matches p and number of children of n and p are equal then
  2:     for each child n' of n and child p' of p do
  3:         if not MATCHES(n', p') then
  4:             return false
  5:         end if
  6:     end for
  7: end if
  8: return true
```

图 3‑12　一个基于树的模式匹配算法,时间复杂度为 $O(nm)$,$n$ 为程序树中的结点数,$m$ 是所有模式的结点总数

尽管 PCC 在当时非常成功,它仍有几个缺点。与 Weingart 类似,Johnson 使用启发式的重写规则处理不匹配情况。因没有经过形式化验证,总会有现存规则集合不足而导致编译器处理特定程序无法终止的风险。Reiser[54]还注意到 PCC 仅支持一元和二元最大高度为 1 的模式。最后,PCC 和其他同时代技术仍然使用最先匹配最先服务的方式选择使用的模式(仍归属于贪心法)。

2. 使用 LR 分析自底向上遍历树

早期指令选择设计普遍缺少形式化的方法论。相比而言,语法分析是编译中研究最透彻的领域,使用语法分析方法还可生成完备的表驱动分析器,可快速且高效运行。

1) Graham-Glanville 方法

1978 年 Glanville 和 Graham[55]发表了一篇具有深刻影响的论文,描述了如何将语法分析技术应用于指令选择。① 后续的实验和评估证明该设计(Graham-Glanville 方法)比当时的设计[9],[56]~[59]更简单、更通用,这是因为它利用表驱动可以快速生成汇编代码。因此,Graham-Glanville 方法被认为是该领域最具重要性的突破之一,其思想以不同方式影响了许多后续技术。特别是 Henry[60]凭借对 Graham-Glanville 指令生成器的研究取得了博士学位,在其 1984 年的博士论文中极其全面、深刻地论述了该方法的理论与实践。

(1) 将指令表示为文法

众所周知,对算术表达式去括号并保证无二义性的方法是使用波兰表示法。例如,1+(2+3)可写成＋1＋2 3 且仍然表示同样的表达式。Glanville 和 Graham 意识到,可以使用这种形式将指令表示为基于巴科斯范式(Backus-Naur Form,BNF)的上下文无关文法(Context-free Grammar)。这一概念在大多数编译教程中都有详细的论述(如文献[1]),在此仅作简单介绍。

上下文无关文法由一组终结符(Terminal)和非终结符(Nonterminal)构成,两者均称作符号(Symbol)。使用首字母大小写规则区分两者,终结符使用首字母大写的单词表示(如 Term),非终结符使用全小写的单词表示(如 nt)。对每个非终结符,存在一个或多个如下形式的产生式(Production):

$$\text{lhs} \rightarrow \text{rhs}\cdots\cdots$$

---

① 十年前,Feldman 和 Gries[126]的论文中也隐晦地暗示过。

基本上，一个产生式指明了其左边的非终结符如何被右边由终结符和非终结符组成的字符串替换的规则。由于非终结符可以出现在产生式的两边，且大部分文法都允许无限链替换，这是上下文无关文法的强大特性之一。从递归的角度看，我们可以将非终结符视作递归例而将终结符视作终止递归的基本例。产生式经常被称为产生规则（Production rule）或规则（Rule），虽然不引起歧义时它们可以互用，但本书将继续使用"产生式"，因为接下来"规则"的含义会有细微的不同。

为将一组指令建模为上下文无关文法，需要为每条指令添加一条或多条规则。每条规则包括一个产生式、一个成本和一个行动（Action）。产生式的右边表示将在程序树上进行匹配的模式树，产生式的左边的非终结符指明指令执行的结果特征（如特定类型的寄存器）；成本自不必说；行动通常是输出汇编代码字符串。如图 3-13 所示，以有标注的例子来简洁地说明规则的结构。

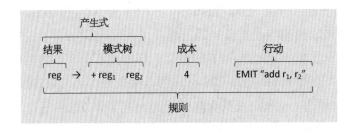

图 3-13 规则结构展示图

特定目标机器的规则集合被称为该机器的指令集文法（Instruction Set Grammar）。

在大多数文献中，规则和模式通常有相同的含义。在本书中，讨论文法时规则指由产生式、成本和行动组成的元组，而模式特指产生式的右部。

（2）树解析

指令集文法给我们提供了形式化建模指令的方法，但它并没有解决模式匹配和模式选择的问题。为此，Glanville 和 Graham 使用了成熟的自左向右扫描的 LR 分析法。由于该技术主要与语法分析相关，应用于树时通常称为树解析（Tree Parsing）。

基于图 3-14 给出的指令集文法，我们希望为如下程序树生成汇编代码，

$$+c*ab$$

|   | 产生式 |  | 成本 | 行动 |
|---|---|---|---|---|
| 1 | reg → | + reg$_1$ reg$_2$ | 1 | EMIT "add r$_1$, r$_2$" |
| 2 | reg → | * reg$_1$ reg$_2$ | 1 | EMIT "mul r$_1$, r$_2$" |
| 3 | reg → | Int | 1 | EMIT "mv r, I" |

图 3-14 指令集文法

并将该表达式的结果存入寄存器中。如果 $a$、$b$ 和 $c$ 都是整数且其类型是 $Int$,假设程序树中每个结点的类型都为 $Int$、$*$ 或 $+$ 三者之一。

将程序树转换为符号序列后,从左向右遍历处理每个符号。处理操作为将当前访问的符号入栈或根据归约规则(rule reduction)替换当前栈中符号。归约(reduction)操作分为两步:① 根据匹配规则的模式弹出栈顶符号序列,弹出符号的数量和顺序须根据匹配的归约规则进行;② 弹出后,将匹配产生式左边的非终结符入栈,并输出与该规则相关的汇编代码。对给定输入,执行的归约规则可用解析树(parse tree)表示,给出了分析过程使用的终结符和非终结符。现在回到前面例子,如果使用 $s$ 表示移进、$r_x$ 表示归约,其中 $x$ 表示使用的归约规则的序号,那么如下程序树

$$+ Int(c) * Int(a) Int(b)$$

的一个合法树解析过程为

$$sssr_3sr_3r_2sr_3r_1。$$

该解析过程对应的解析树和生成的汇编代码如图 3-15 所示(分析树中,规则编号显示在非终结符旁边)。

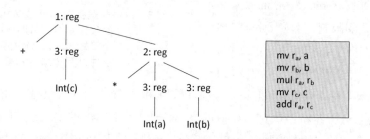

图 3-15 解析树及输出代码

剩下的问题是如何恰当地移进和归约。通过为特定文法生成的状态表提供的支持可解决此问题。如何生成状态表本书不做过多介绍,但是提供了一个例

子如图 3-17 所示，它是根据图 3-16 所给的指令集文法而生成的，使用基于该状态表的 LR 分析器的指令选择器的执行过程如图 3-18 所示。

| | 产生式 | | 行动 |
|---|---|---|---|
| 1 | $r_2$ → | $+ Ld + C\, r_1 r_2$ | add $r_2, C, r_1$ |
| 2 | $r_1$ → | $+ r_1 Ld + C\, r_2$ | add $r_1, C, r_2$ |
| 3 | $r$ → | $+ Ld\, C$ | add $r, C$ |
| 4 | $r$ → | $+ r\, Ld\, C$ | add $r, C$ |
| 5 | $r_2$ → | $+ r_1\, r_2$ | add $r_2, r_1$ |
| 6 | $r_1$ → | $+ r_1\, r_2$ | add $r_1, r_2$ |
| 7 | → | $= Ld + C\, r_1 r_2$ | store $r_2, {}^*C, r_1$ |
| 8 | → | $= + C\, r_1 r_2$ | store $r_2, C, r_1$ |
| 9 | → | $= Ld\, C\, r$ | store $r, {}^*C$ |
| 10 | → | $= C\, r$ | store $r, C$ |
| 11 | → | $= r_1 r_2$ | store $r_2, r_1$ |
| 12 | $r_2$ → | $Ld + C\, r_1$ | load $r_2, C, r_1$ |
| 13 | $r_2$ → | $+ C\, r_1$ | load $r_2, = C, r_1$ |
| 14 | $r_2$ → | $+ r_1\, C$ | load $r_2, = C, r_1$ |
| 15 | $r_2$ → | $Ld\, r_1$ | load $r_2, {}^*r_1$ |
| 16 | $r$ → | $+ Ld\, C$ | load $r, = C$ |
| 17 | $r$ → | $C$ | mv $r, C$ |

图 3-16 指令集文法示例。所有规则的成本相同，$C$、$Ld$、$+$ 和 $=$ 都是终结符（$C$ 表示 "const" 而 $Ld$ 表示 "load"），$r$ 是非终结符，表明结果将存储到寄存器中，下标是语义修饰符[55]

| | $ | r | c | + | Ld | = |
|---|---|---|---|---|---|---|
| 0 | accept | | | | | s1 |
| 1 | | s2 | s3 | s4 | s5 | |
| 2 | | | s6 | s7 | s8 | s9 |
| 3 | | | s10 | s7 | s8 | s9 |
| 4 | | | s11 | s12 | s8 | s13 |
| 5 | | | s14 | s15 | s19 | s9 |
| 6 | r11 | r11 | r11 | r11 | r11 | r11 |
| 7 | r17 | r17 | r17 | r17 | r17 | r17 |
| 8 | | | s11 | s17 | s8 | s13 |
| 9 | | | s14 | s18 | s19 | s9 |
| 10 | r10 | r10 | r10 | r10 | r10 | r10 |
| 11 | | | s20 | s21 | s8 | s22 |
| 12 | | | s23 | s7 | s8 | s9 |
| 13 | | | s14 | s24 | s25 | s9 |
| 14 | r15 | r15 | r15 | r15 | r15 | r15 |
| 15 | | | s26 | s7 | s8 | s9 |
| 16 | | | s11 | s27 | s8 | s13 |
| 17 | | | s28 | s7 | s8 | s9 |
| 18 | r16 | r16 | r16 | r16 | r16 | r16 |
| 19 | | | s11 | s29 | s8 | s9 |
| 20 | r5/6 | r5/6 | r5/6 | r5/6 | r5/6 | r5/6 |
| 21 | r14 | r14 | r14 | r14 | r14 | r14 |
| 22 | | | s14 | s30 | s31 | s9 |
| 23 | | | s32 | s7 | s8 | s9 |
| 24 | | | s33 | s7 | s8 | s9 |
| 25 | | | s11 | s34 | s8 | s13 |
| 26 | r9 | r9 | r9 | r9 | r9 | r9 |
| 27 | | | s35 | s7 | s8 | s9 |
| 28 | r13 | r13 | r13 | r13 | r13 | r13 |
| 29 | | | s36 | s7 | s8 | s9 |
| 30 | r4 | r4 | r4 | r4 | r4 | r4 |
| 31 | | | s11 | s37 | s8 | s13 |
| 32 | r8 | r8 | r8 | r8 | r8 | r8 |
| 33 | r3 | r3 | r3 | r3 | r3 | r3 |
| 34 | | | s38 | s7 | s8 | s9 |
| 35 | | | s39 | s7 | s8 | s9 |
| 36 | r12 | r12 | r12 | r12 | r12 | r12 |
| 37 | | | s40 | s7 | s8 | s9 |
| 38 | | | s41 | s7 | s8 | s9 |
| 39 | r7 | r7 | r7 | r7 | r7 | r7 |
| 40 | r2 | r2 | r2 | r2 | r2 | r2 |
| 41 | r1 | r1 | r1 | r1 | r1 | r1 |

图 3-17 基于图 3-16 指令集文法生成的状态表。$sx$ 表明移进且下一个状态为 $x$，$ri$ 表明使用规则 $i$ 进行归约，空项表示错误[55]

图 3-16 中部分产生式中的下标是语义修饰符（semantic qualifier），表示对某些指令的限制。例如，所有二地址算术指令都将结果存储在某个输入寄存器中，使用语义修饰符可以表示为 $r_1 \rightarrow + r_1 r_2$，即目标寄存器必须与第一个操作数使用的寄存器一致。为了在解析时使用此信息，分析器将该信息与相应的终结符或非终结符一并入栈。Glanville 和 Graham 还在他们的解析器中集成了寄存器分配器，构成一个完整的代码生成器。

(3) 解决冲突和避免阻塞

由于 ISA 一般不是正交的，大部分指令集文法是模棱两可的，相同程序树可对应多个合法的解析树。这使得指令选择器在选择移进或归约操作时面临

| | 状态栈 | 符号栈 | 输入 | 行动 |
|---|---|---|---|---|
| 1 | 0 | | = + $C_a$ $r_7$ + Ld + $C_b$ Ld $r_7$ Ld $C_c$ $ | shift to 1 |
| 2 | 0 1 | = | + $C_a$ $r_7$ + Ld + $C_b$ Ld $r_7$ Ld $C_c$ $ | shift to 4 |
| 3 | 0 1 4 | = + | $C_a$ $r_7$ + Ld + $C_b$ Ld $r_7$ Ld $C_c$ $ | shift to 12 |
| 4 | 0 1 4 12 | = + $C_a$ | $r_7$ + Ld + $C_b$ Ld $r_7$ Ld $C_c$ $ | shift to 23 |
| 5 | 0 1 4 12 23 | = + $C_a$ $r_7$ | + Ld + $C_b$ Ld $r_7$ Ld $C_c$ $ | shift to 8 |
| 6 | 0 1 4 12 23 8 | = + $C_a$ $r_7$ + | Ld + $C_b$ Ld $r_7$ Ld $C_c$ $ | shift to 13 |
| 7 | 0 1 4 12 23 8 13 | = + $C_a$ $r_7$ + Ld | + $C_b$ Ld $r_7$ Ld $C_c$ $ | shift to 25 |
| 8 | 0 1 4 12 23 8 13 25 | = + $C_a$ $r_7$ + Ld + | $C_b$ Ld $r_7$ Ld $C_c$ $ | shift to 34 |
| 9 | 0 1 4 12 23 8 13 25 34 | = + $C_a$ $r_7$ + Ld + $C_b$ | Ld $r_7$ Ld $C_c$ $ | shift to 9 |
| 10 | 0 1 4 12 23 8 13 25 34 9 | = + $C_a$ $r_7$ + Ld + $C_b$ Ld | $r_7$ Ld $C_c$ $ | shift to 14 |
| 11 | 0 1 4 12 23 8 13 25 34 9 14 | = + $C_a$ $r_7$ + Ld + $C_b$ Ld $r_7$ | Ld $C_c$ $ | reduce rule 15($r_2$→Ld $r_1$)<br>assign result to $r_8$<br>emit "load r8, *r7"<br>shift to 38 |
| 12 | 0 1 4 12 23 8 13 25 34 9 14 38 | = + $C_a$ $r_7$ + Ld + $C_b$ $r_8$ | Ld $C_c$ $ | shift to 9 |
| 13 | 0 1 4 12 23 8 13 25 34 9 14 38 9 | = + $C_a$ $r_7$ + Ld + $C_b$ $r_8$ Ld | $C_c$ $ | shift to 18 |
| 14 | 0 1 4 12 23 8 13 25 34 9 14 38 9 18 | = + $C_a$ $r_7$ + Ld + $C_b$ $r_8$ Ld $C_c$ | $ | reduce rule 16(r→ Ld C)<br>assign result to $r_9$<br>emit "load r9, C"<br>shift to 41 |
| 15 | 0 1 4 12 23 8 13 25 34 9 14 38 41 | = + $C_a$ $r_7$ + Ld + $C_b$ $r_8$ $r_9$ | $ | reduce rule 1 ($r_2$→ + Ld + C $r_1$ $r_2$)<br>emit "add r9, B, r8"<br>shift to 32 |
| 16 | 0 1 4 12 23 32 | = + $C_a$ $r_7$ $r_2$ | $ | reduce rule 8 ( → = + C $r_1$ $r_2$)<br>emit "store r9, A, r7" |
| 17 | 0 | | $ | accept |

图 3-18 Glanville 和 Graham 的指令选择器针对表达式 $a = b + c$ 的执行过程,$a$、$b$ 和 $c$ 是保存在内存中的常量,生成的 IR 代码为 $= + C_a r_7 + Ld + C_b Ld r_7 Ld C_c$,这里 $r_7$ 是基地址寄存器。执行是基于图 3-17 提供的表格进行的。归约包含两类操作: 1) 必需的归约操作;2) 后续可选择操作、移进或其他归约操作。以第 11 步为例,首先使用规则 15 执行归约操作并从符号栈中弹出 $Ldr_7$,随后将规约结果 $r_8$ 压入栈顶。同时,将状态 9 和 14 从栈中弹出,使状态 34 变为栈顶元素。使用两个栈的栈顶元素访问状态表,决定状态 34 下输入符号 $r_8$ 共同决定执行移进操作并状态改变为状态 38[55]

移进-归约冲突(Shift-reduce Conflict)。为解决该冲突,Glanville 和 Graham 的状态表生成器优先选择移进。直观地看,这将倾向于使用更大的模式,因为移进推迟了模式选择的决定,进而允许栈积累更多程序树信息。① 不幸的是,这种方法可导致指令选择器执行失败,即使合法解析树是存在的。这种现象被称为语法阻塞(Syntactic Blocking),需要语法设计者为指令集文法添加辅助规则用以修补栈信息,使得解析器可从贪婪选择移进而未进行必要归约的糟糕情况中得以恢复。

同样,也会发生归约-归约冲突(Reduce-reduce Conflict),解析器需要从两个或更多规则中进行选择。Glanville 和 Graham 采用选择模式最长规则的方法解决该问题。如果文法包含的规则仅在语义修饰符方面有所不同,仍然会存在归约-归约冲突(在图 3-16 中,规则 5 和规则 6 就是这种情况)。该问

---

① 总是选择最大的可能模式的方法一般被称作最大吞噬(maximum munch),该方法由 Cattell 在他的博士论文[69]中提出。

题可通过在分析时按照它们出现在文法描述中的顺序检查语义约束来得到解决。但若文法中的所有规则都受到语义约束,可能会出现语义不匹配导致解析器无法应用任何规则的情况,称作语义阻塞(Semantic Blocking),所有语义约束规则失效时可通过调用缺省规则来解决。这一回退规则通常使用多个更短的指令模拟复杂的规则,且 Glanville 和 Graham 给出了巧妙的自动化推导方法。对每个语义约束规则 $r$,在表示 $r$ 的模式的树上执行树解析,被选择用来实现这个树的指令序列构成了 $r$ 对应的回退规则。

(4)优点

Graham-Glanville 风格的指令选择器纯粹是表驱动的,基于对状态表进行查表操作的核心组件来实现。① 因此,此类指令选择器生成汇编代码的用时与程序树的大小呈线性关系。基于表驱动代码生成器的想法本身并不新颖,但早期的尝试都无法提供一个自动化生成所需表格的方法。此外,在生成状态表的过程中,为解决移进-归约和归约-归约冲突已经做了很多模式选择的工作,因此减少了编译时间。

Graham-Glanville 方法的另一个优势是其形式化的基础,使得自动化验证成为可能。例如,Emmelmann[61]最早提出了证明指令集文法完备性的方法。② Emmelmann 自动证明器的直观想法是找到所有可能出现在程序中但是不能被指令选择器处理的程序树。将指令集文法记作 $G$,描述程序树的文法记作 $J$。假设 $L(X)$ 表示所有可被文法 $X$ 接受的树集合,若 $L(J)\backslash L(G)$ 为非空,则指令集文法不完备。Emmelmann 意识到可以构造乘法自动机(Product Automaton)以完成相交运算,从本质上实现了一个只接受反例集中的树的语言。使用该自动机还能找到指令集文法缺失的规则。Brandner[62]近来对此方法进行拓展以处理含有谓词的产生式,通过拆分终结符以暴露原来被隐藏的特征。

(5)缺点

尽管 Graham-Glanville 方法解决了许多现代指令选择器的诸多问题,其自身仍存在缺陷。其一,由于 LR 解析器只能对文法进行推理,关于特定值或范围的任何限制都必须由其非终结符捕获。加之每个产生式只能匹配一个模

---

① Pennello[63]开发了一个技术将状态表直接表示为汇编代码,从而消除了查找表的操作。据报道可使 LR 分析的效率提升 6~10 倍。

② 值得注意的是即使一个指令集文法被证明是完备的,贪婪的指令选择器仍会面临无规则可用的窘境。因此,导致作用于已证明指令集文法的 Emmelmann 检查器被设计,共同构成指令选择器。

式的限制，对具有多个寻址模式或多个操作数模式的多用途的指令，需要针对每种模式都复制一个规则。对大多数目标机器，此方法被证明是实际不可行的。例如，针对复杂指令集计算机（Complex Instruction Set Compute，CISC）VAX，每条指令都支持多个操作数模式[64]，导致其指令集文法包含八百多万条规则[163]。凭借引入辅助非终结符整合多条规则的共享特性可将规则数减少为一千多条，需要小心设计以防对代码质量产生负面影响。其二，因为解析器从左向右遍历且没有回溯，在观察到任何其他操作数之前必须输出操作数的汇编代码，针对语法阻塞会导致糟糕的决策，需要后续输出额外的撤销代码。因此，为设计一个紧凑且能生成高质量代码的指令集文法，开发人员需要掌握实现指令选择器的各方面知识。

2) 使用语义扩展文法

纯上下文无关文法无法处理语义信息。例如，仅依靠非终结符 reg 是无法确定哪个寄存器的。Glanville 和 Graham 通过将相关信息入栈来解决此限制，但调整后的 LR 解析器仅能使用简单的等值比较进行推理。Ganapathi 和 Fischer[65]~[68] 将传统的上下文无关文法替换成更强大的属性文法（Attribute Grammar），从而解决了此问题。类似于对 Graham-Glanville 方法的介绍，我们仅在比较高的层次上探讨它的工作机制。

(1) 属性文法

Knuth[69] 于 1968 年提出属性文法，使用属性（Attribute）扩展上下文无关文法。属性是在分析过程中存储、操作并传播有关单个终结符和非终结符的额外信息，属性是综合的（Synthesized）或继承的（Inherited）。在解析树中，具有综合属性结点的属性值是根据子结点的属性综合得到的；具有继承属性结点的属性值则拷贝自父结点的属性。综合属性信息在树中是自下而上产生，继承属性信息是自上而下产生。因此，使用↑或↓区分综合属性和继承属性，将它们作为前缀与相关属性符号一起使用（例如，非终结符 reg 的综合属性 $x$ 可记作 reg↑$x$）。

属性被谓词（Predicate）和行动使用。谓词检测规则的适用性。行动除输出汇编代码外，还生成新的综合属性。因此，建模指令时可使用谓词来表示约束，用行动来指明效果，如代码发射和寄存器分配。下面以例子来说明。

图 3-19 展示了针对三个字节加法指令的一组建模规则：自增版本加法指令 incb（将寄存器值自增 1，使用规则 1 和 2 建模）；二地址版本加法指令 add2b（两个寄存器的值相加并将结果存入其中某个寄存器，使用规则 3

| | 产生式 | 谓词 | 行动 |
|---|---|---|---|
| 1 | byte↑r → + byte↑a byte↑r | IsOne(↓a), NotBusy(↓r) | EMIT "incb ↓r" |
| 2 | byte↑r → + byte↑r byte↑a | IsOne(↓a), NotBusy(↓r) | EMIT "incb ↓r" |
| 3 | byte↑r → + byte↑a byte↑r | TwoOp(↓a, ↓r) | EMIT "addb2 ↓a, ↓r" |
| 4 | byte↑r → + byte↑r byte↑a | TwoOp(↓a, ↓r) | EMIT "addb2 ↓a, ↓r" |
| 5 | byte↑r → + byte↑a byte↑b | | GETREG(↑r) |

图 3-19　使用属性文法表示的指令集[67]

和 4 建模);三地址版本加法指令 $add3b$(结果存储到其他地方,使用规则 5 建模)。显然,$incb$ 指令只能用于某个操作数恒为 1 的情形,使用 $IsOne$ 谓词判定;由于指令需覆盖寄存器的旧值,只有后续操作不再使用该寄存器的旧值时才可行,使用 $NotBusy$ 谓词进行此项判定。最后,行动 $EMIT$ 输出相应的汇编代码。由于加法满足交换律,该指令需配对两个规则。与之类似,$add2b$ 指令也需要两个规则配对,使用谓词 $TwoOp$ 判定哪个操作符作为结果存储对象且其旧值不再被使用。由于最后一条规则没有任何谓词,它被作为缺省规则用于避免在 Graham-Glanville 方法中讨论过的语义阻塞问题。

(2) 优点与缺点

谓词的使用消除了必须引入新非终结符以描述特定值与范围的需求,带来比上下文无关文法更简洁的指令集文法。例如,对 VAX 机器而言,与 Granham-Glanville 方法相比引入属性使的文法大小减半(约 600 条规则)。属性文法同样促进了机器描述的增量开发:可从实现仅包含通用规则的指令集文法开始,不要求生成代码的质量和效率,但必须正确,进而为处理更复杂指令增量地添加规则,使平衡开发成本与代码质量成为可能。另一个实用特性是其他程序优化例程可以表示为文法的一部分,而不用再以独立组件的形式存在,如常量折叠。Farrow[70] 甚至尝试基于属性文法研发整个 Pascal 编译器。

为了使属性可与 LR 解析一同使用,须限制指令集文法的特性。其一,只有综合属性能出现在非终结符中。因为 LR 分析是自底向上、从左到右构建解析树,从叶子结点开始一直向上直至根结点,因此继承属性只有在非终结符对应的子树构建完成之后才可用。其二,归约时由于谓词可能使一个规则变得语义无效,因此所有的行动都只能出现在规则的最后,否则谓词检查失败之后必须执行回滚操作。其三,正如 Graham-Glanville 方法,解析器必须在仅考虑一个子树的情况下进行选择,而不考虑可能出现在右侧的兄弟子树。如果所有子树已知,本可以生成质量更好的代码,这是 LR 分析带来的又一个限制。Ganapathi[71] 后来尝试通过用 Prolog 这一基于逻辑的编程语言实现指令选择器来解决该问题,但导致指令选择器的时间复杂度变为指数级。

3) 基于多解析树提高代码质量

由于 LR 分析器只遍历一次程序树,仅得到诸多解析树中的一棵,汇编代码的生成质量很大程度上取决于指令集文法能否指导分析器找到"好"的解析树。

Christopher 等[72] 尝试解决该问题,基于 Graham-Glanville 方法但是对分析器进行了拓展以生成所有解析树,从中挑选一棵以生成最佳代码。通过将原始的 LR 分析器替换为 Earley 算法实现[73] 来完成,从理论上而言可以提高代码质量,但枚举所有解析树的代价导致它在实际中不可接受。

Madhavan 等[74] 于 2000 年扩展了 Graham-Glanville 方法,据称可实现最优的模式选择,并保持 LR 分析器的线性时间复杂度。借助新版 LR 分析[75] 技术,原来需要在发现匹配后立刻执行的归约操作可以往后推迟任意多步,指令选择器本质上具有了维护多个解析树的能力,可以在做出最终导致次优解的决定之前收集足够多的程序信息。换言之,Madhavan 等的设计跟 Christopher 等的研究一样都覆盖了所有的解析树,区别是对那些最终生成较低效汇编代码的解析树会立刻将其删除掉,为达此目的,该设计集成了离线成本分析功能。近来,Yang[76] 提出了一种基于 parser-cactus 的类似技术,使偏离目标的解析树从主干分支出来以缩小求解空间。然而,两种设计遵循的基本原则仅允许单结果输出规则,对许多目标机器支持的多输出指令依然无法进行建模。

3. 使用递归自顶向下进行树全覆盖

到目前为止我们讨论的树全覆盖技术,特别是基于 LR 分析的技术都是自底向上进行的:指令选择器从程序树的叶子结点开始,基于对子树做出的决定,沿树向上操作直至根结点,不断匹配并选择可用的模式。除此,还可以自顶向下地进行树全覆盖,指令选择器从程序树根结点开始递归地向下遍历匹配与选择。因此,基于自顶向下实现的语义信息流完全不同与自底向上指令选择器需要的信息流,其信息是预先决定并向下传播的,即整体是目标驱动的(Goal-driven),因为模式选择由一组附加的需求指导且这些需求必须由所选的模式来满足。大部分的自顶向下技术都是递归实现的,因该技术反过来对子树提出了新的需求。自顶向下遍历匹配与选择技术必须支持回溯,因为特定模式的选择可能导致程序树的底层部分无法继续进行匹配。

1) 使用 Means-End 分析指导指令选择

据我所知,第一个提出使用自顶向下的树全覆盖技术解决指令选择问题的是 Newcomer[77]。1975 年,Newcomer 在他的博士论文中提出了一种设计,枚举所有可以全覆盖程序树的模式组合,然后选择成本最小的一个。Cattell[8] 同样在他的综述文章中描述了此方法,我们主要以此为基础讨论 Newcomer 的设计。

指令被建模为 T 操作(T-operator),它基本上是含有成本和属性的模式树。属性描述各种限制,比如哪些寄存器可以被操作数使用。还有一组被指令选择器用来执行必要程序变换的 T 操作符,接下来会逐步介绍。该方案以 AST 为输入,使用前述自顶向下方法对 AST 进行遍历匹配:指令选择器首先尝试找到与 AST 根结点匹配的所有模式,然后针对每个匹配的模式递归遍历匹配剩余子树。使用图 3-12 给出的算法进行模式匹配,为提高效率使用模式根结点的类型进行索引。输出结果是一组模式序列,每个序列都全覆盖整个 AST。然后检查每个模式序列,看所有模式的属性是否与目标属性集(Preferred Attribute Set)相匹配,如匹配失败,指令选择器会尝试使用变换 T 操作进行子树重写直到属性匹配。为指导这一过程,Newcomer 使用了基于 means-end 分析的启发式搜索策略,它由 Newell 和 Simon[78] 于 1959 年提出。means-end 分析的基本思想是递归地最小化当前状态(当前子树形态)和目标状态(子树目标形态)间的量化差,然而文献[8]并未提及如何计算该值。为避免死循环,当在搜索空间中达到一定深度时,转换过程会自动停止。如果成功,转换被插入模式序列之中;反之,则舍弃该模式序列。在所有找到的模式序列中选择成本最小的并输出给汇编代码发射模块。

Newcomer 的设计是开创性的,它基于 means-end 分析方法指导程序树不断修改直到可被部署到目标机器上执行,而不需要再诉诸目标特定机制。但该设计仍存在几个显著缺陷:其一,该方法的实际应用场景很少,因为 Newcomer 的实现仅能处理算术表达式;其二,需要手工建模指令和变换对应的 T 操作,严重限制了编译器的可变目标性,因该任务是非平凡的。其三,程序变换过程可能由于搜索空间被切断而过早终止,导致指令选择器无法生成任何汇编代码。最后,除了很小的程序树,已证明该搜索策略的代价太过昂贵，在实际应用中不可行。

2) 令 means-end 分析方法实际可行

Cattell 等[79]~[81]优化并扩展 Newcomer 的设计，研发了一个更实用的框架并在 Production Quality Compiler-Compiler(PQCC)中进行了工程实现，PQCC 是基于 Wulf 等[82]最初开发的 BLISS-11 编译器而衍生的一款编译器。他们的设计很像 Graham-Glanville 方法，不在编译程序的过程中使用 means-end 分析，而是将 means-end 分析作为生成编译器本身的预处理步骤。

在此，模式被表示为一组递归组合而成的模板，类似于指令集文法中的产生式。与 Glanville 和 Graham 的设计或 Ganapathi 和 Fischer 的设计不同的是 PQCC 的模板可从特定目标的机器描述自动生成，而无须手工编写文法规则。每个指令都被建模为一组机器操作(Machine Operation)以等价描述指令功能，这些机器操作集被交给独立工具代码生成器的生成器(Code-Generator Generator, CGG)，进而生成指令选择器使用的模板。

除了可生成直接与一条指令相对应的简单模板外，CGG 还可生成一组单节点模式以及一组组合多指令的更大的模式。前者保证指令选择器可以为所有程序生成基本的汇编代码(因为所有程序树可被简单的全覆盖)；因匹配一个大模式快于匹配多个小模式，使用后者可有效减少编译耗时。为此，CGG 综合使用 means-end 分析和启发式规则将现有模式操作并组合为新的模式，启发式规则基于一组公理发挥作用，如 $\neg\neg E \Leftrightarrow E$、$E + 0 \Leftrightarrow E$ 和 $\neg(E_1 \geqslant E_2) \Leftrightarrow E_1 < E_2$ 等。然而，这些"有趣"的模式并不保证永远实际可用。之后指令选择基于贪婪策略自顶向下对程序树进行处理，总是选择与程序树当前结点匹配模板中成本最低的那个(模式匹配使用 Newcomer 的方法)。如存在成本相同的情况，指令选择器会选择内存存取数目最少的模板。

与前述基于 LR 分析的方法相比，Cattell 等的设计既有优点也有缺点。最主要的优点是指令选择器无法为某些程序生成汇编代码的风险较小。虽然预定义模板集合可能无法生成所有必要的单结点模式，但 CGG 至少可以发出警告(在 Ganapathi 和 Fischer 的设计中，正确性需要由文法设计者保证)。缺点是该方法相对较慢：基于树解析的指令选择器的时间复杂度基本都是线性的，而 Cattell 等的指令选择器需要单独匹配每个模板，导致最差情况下其时间复杂度是 $O(n^2)$。

4. 基于树的线性模式匹配算法

多年来人们设计了许多算法来寻找给定模式树集合和目标树的所有匹

配[83]~[92]。对于 FCT，大多数模式匹配算法都衍生于基于字符串的模式匹配。首先由 Karp 等[87]在 1972 年提出，随后 Hoffmann 和 O'Donnell[86]基于他们的设计扩展形成了新的匹配算法，被基于树的指令选择技术广泛使用。为更好理解基于树的模式匹配，我们先来探索如何基于字符串进行匹配。

1) 树匹配等价于字符串匹配

应用最广的字符串匹配算法在 1975 年和 1977 年由 Aho 与 Corasick[93]和 Knuth 等[94]分别提出，该算法也称作 Knuth-Morris-Pratt 算法。两个算法是独立设计的，但二者的思路几乎完全一致。

基本思路是当模式与目标字符串的子串部分匹配失败时，模式匹配器不需要回到本次匹配起始处的下一字符重新开始匹配。使用图 3-20 给出的信息解释此思想，待比较的模式字符串"$abcabd$"，输入字符串为"$abcabcabd$"，箭头指向当前考察字符。首先，从输入字符串的第一个字符开始与模式进行匹配直到模式的最后一个字符（位置 5）；匹配失败后，不用回到位置 1 重新匹配，因匹配器知道模式的前三个字符组成的子串("$abc$")已在该点匹配成功，仅需从位置 6 开始尝试匹配模式的第四个字符即可。基于此可在线性时间内找到模式的所有匹配情况。接下来，将基于 Aho 和 Corasick 的设计继续我们的讨论，因为它可以同时匹配多个模式，而 Knuth 等的算法仅考虑了单个模式。

|  | 0 | 1 | 2 | 3 | 4 | 5 | 6 | 7 | 8 |
|---|---|---|---|---|---|---|---|---|---|
| 输入字符串 | a | b | c | a | b | c | a | b | d |
| 模式字符串 | a | b | c | a | b | d | | | |
| | | | | | | ↑ | | | |
| | | | | | | a | b | c | a | b | d |
| | | | | | | | | | ↑ | | |

图 3-20　字符串匹配示例

Aho 和 Corasick 的算法依赖于三个函数 $goto$、$failure$ 和 $output$，第一个函数被实现为一个状态机，后两个函数使用简单的查找表操作实现。三个函数的具体构建过程不再详细介绍，感兴趣的读者可参阅相关文献。我们仅用例子说明此算法是如何工作的，图 3-21 给出了匹配字符串 $he$、$she$、$his$ 和 $hers$ 所需的函数。针对输入字符串"$shis$"依次读取每个字符，并将该字符作为参数传给 $goto$ 函数。状态机初始化状态为 0，$goto('s')$ 的执行使状态机迁移到状态 3，$goto('h')$ 的执行又使状态迁移到状态 4。每当成功迁移到一个状态 $i$，都需调用 $output(i)$ 检查是否某些模式字符串被成功匹配，但目前没有匹配成功。对下一个输入字符'i',不存在相应的状态迁移,即 $goto('i')$ 引发了错误。此时,调用 $failure(4)$ 表明状态机应回退到状态 1,并重新调用 $goto('i')$,状态迁移到 6。随着最后一个字符输入,$goto('s')$ 的执行使状态迁移到 7,$output(7)$ 表明匹配字符串"his"成功。

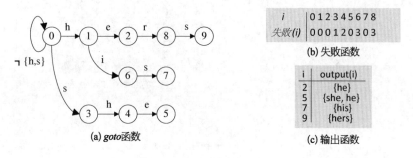

图 3-21　字符串匹配的状态机[93]

### 2) Hoffmann-O'Donnell 算法

Hoffmann 和 O'Donnell[86]综合 Aho 与 Corasick 和 Knuth 等的思想研发了两个算法。在 1982 年的文章中,Hoffmann 和 O'Donnell 首次提出一个时间复杂度为 $O(np)$ 的自顶向下匹配模式树的算法,随后又提出一个时间复杂度为 $O(n+m)$ 的自底向上匹配算法,通过使用消耗更长时间的预处理换取线性的模式匹配。其中 $n$ 是程序树的大小,$p$ 是模式的数量,$m$ 是找到的匹配数目。

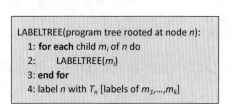

图 3-22　标注程序树的 Hoffmann-O'Donnell 算法[86]

第二个模式匹配算法由于其线性的时间复杂度而得到广泛应用,且实现很简单,如图 3-22 所示。从叶子结点开始,为每个结点都标记一个标识符,指明与以该结点为根的子树相匹配的模式集,称此集合为匹配集(Matchset)。综合子结点的标签信息获得一个索引,根据此索引到当前结点对应的类型表中获取结点标签。例如,所有加法结点对应的标签存储在一个表中,而所有减法结点对应的标签存储在另一个表中。表的维度受制于结点的子结点数,例如，二元操作结点对应一个二维表，而常量结点对应一个零维表(仅存在一个值的表，没有其他任何东西)。图 3-23g 展示了一个完全标记的示例，后续通过自上而下的标记树遍历可以检索匹配集。

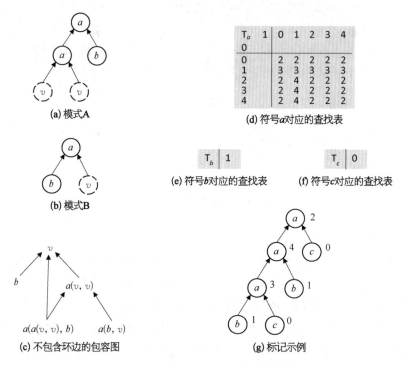

图 3-23 使用 Hoffmann-O'Donnell 算法进行模式匹配。空结点 v 以虚线边框突出显示。子模式 v、b、a(v,v)、a(b,v) 和 a(a(v,v),b) 分别标记为 0、1、2、3 和 4[86]

关于 Hoffmann 和 O'Donnell 提出的自底向上算法使用的查找表，本书不再介绍其生成细节。

### 3.2.3 模式选择

针对整个程序树或程序图在线性时间内找到所有匹配集成为可能后，人们开始尝试在最短时间内实现最优模式选择。继续介绍模式选择内容前，需先明确下线性文法及相关术语。

1990 年 Balachandran 等[95]介绍了线性文法，线性文法的优点是将模式匹配问题进行简化，只需简单地比较模式中根结点的操作符与程序树中结点的操作符是否匹配。这也意味着出现在规则中的产生式更加统一，大大简化了

状态生成任务。文法中每个产生式的模式仅限于以下形式之一:

① $lhs \rightarrow Op n_1 \cdots n_k$,其中 $Op$ 表示操作算子且是终结符,$rank(Op) > 0$,$n_i$ 均为非终结符。此类规则称为基本规则(Base Rule)。

② $lhs \rightarrow T$,其中 $T$ 是终结符。此类规则也称为基本规则。

③ $lhs \rightarrow nt$,其中 $nt$ 是非终结符。此类规则称为链式规则。

通过引入新的非终结符和必要的转换规则,可轻易将非线性形式的文法改写为线性文法。举例如下:

| 产生式 | 成本 | 产生式 | 成本 |
|---|---|---|---|
| reg → Ld + Const Const | 2 | reg → Ld n₁ | 2 |
|  |  | n₁ → + n₂ n₂ | 0 |
|  |  | n₂ → Const | 0 |
| 原始文法 |  | ⇒ 线性文法 |  |

1. 基于动态规划的最优模式选择

文献 Ripken[96]第一个提出了"在线性时间内完成最优指令选择"的可行方案,1977 年的技术报告介绍了该方法。基于 Aho 和 Johnson 提出的动态规划算法,Ripken 的方法可以处理多种类型的寄存器和多种寻址模式,后来针对真实的指令集进行了扩展。为简洁起见,将动态规划称为 DP(Dynamic Programming)。

尽管 Ripken 是第一个提出基于 DP 进行最优指令选择器设计的人,但它仅仅是一个提议。Aho 等[97]~[99]于 1986 年进行了第一次实际尝试,给出了名为 TWIG 的编译器生成器。

1) TWIG

与 Ripken 的设计一样,Twig 使用 Aho 和 Johnson 的 DP 算法来选择最优的模式树集合以全覆盖给定的程序树。使用代码生成器语言(Code Generator Language,CGL)将机器描述表示为指令集文法(参见 3.2.2 的第 2 小节),该语言由 Aho 和 Ganapathi[97]在 1985 年提出。图 3-24 展示了一个机器描述片段,TWIG 根据此机器描述生成指令选择器,该指令选择器对程序树进行三遍处理。第一遍自上而下的对树结点进行标记,使用 Aho-Corasick 字符串匹配算法[93]找出程序树中每个结点的所有匹配集。① 第二遍是自下而上

---

① 基于指令集文法,针对模式匹配过程匹配集中的模式对应于产生式的右部。

的成本计算过程，计算出为给定结点选择出特定模式所消耗的成本。成本是使用 DP 计算的，因此计算成本的模块是该设计的核心。最后一遍是递归的自上而下的处理过程，找到对程序树的最小成本全覆盖方案，同时根据选定的模式输出相应的汇编代码。接下来主要介绍成本计算和模式选择算法。

```
Node const mem assign plus ind;
Label reg no_value;
reg:const                                          /* Rule 1  */
    { cost = 2; }
 ={ NODEPTR regnode = getreg( );
    emit("MOV", $1$, regnode, 0);
    return(regnode);
 };
no_value: assign(mem, reg)                         /* Rule 3  */
    { cost = 2+$%1$->cost; }
 ={ emit("MOV", $2$, $1$, 0);
    return(NULL);
 };
reg: plus(reg , ind(plus(const, reg)))             /* Rule 6  */
    { cost = 2+$%1$->cost+$%2$->cost; }
 ={ emit("ADD", $2$, $1$, 0);
    return($1$);
 };
```

**图 3-24　使用 CGL[98] 编写的 TWIG 规则示例**

图 3-25a 所示成本计算算法遵循如下思想，对程序树中的每个结点 $n$ 维护一个数组，记录将 $n$ 归约到特定非终结符的最低成本和归约所使用的规则。待用成本为规则自身的成本与非终结符出现在模式树上需要消耗的成本之和。最初，将所有成本都设置为无穷大，防止使用不可用非终结符进行归约。检查了匹配集中的所有规则后，需要再检查所有可用的链式规则，因为这些规则可使当前结点规约为其他非终结符，使得总体成本更低。由于一个链式规则可能依赖于另一个链式规则，因此检查链式规则的顺序很重要（至少在达到固定点之前）。为了最小化检查次数，我们按传递归约次序（Transitive Reduction Order）对这些链式规则进行排序，针对每对规则 $i$ 和 $j$，如果 $i$ 归约为 $j$ 使用的非终结符，则要在 $j$ 之前先检查 $i$。

在计算完程序树根结点的成本后，可通过咨询成本数组找到全覆盖整个程序树以归约到目标非终结符的最小成本（算法如图 3-25b 所示）。从根开始，我们选择规则并将程序树中的当前结点归约为特定非终结符，然后对所选

```
COMPUTECOSTS(program tree rooted at node n):
 1: for each child n_i of n do
 2:     COMPUTECOSTS (n_i)
 3: end for
 4: initialize array costs_n with ∞
 5: R = {rule r : r ∈ matchset of n or r is a chain rule}
 6: for each rule r ∈ R in transitive reduction order do
 7:     c = cost of applying r at n
 8:     l = left-hand nonterminal of r
 9:     if c<costs_n[l] then
10:         costs_n[l] = c
11:         rules_n[l] = r
12:     end if
13: end for
```

(a) 成本计算算法

```
SELECTANDEXECUTE(program tree rooted at node n, goal nonterminal g):
1: rule r = rules_n[g]
2: for each nonterminal l that appears on the pattern of r do
3:     SELECTANDEXECUTE (node to reduce to l, l)
4: end for
5: execute actions associated with r
```

(b) 模式选择和代码发射算法

**图 3-25 使用动态规划的基于树的最优模式选择算法**

规则模式上的每个非终结符递归地完成同样的操作，对应于模式匹配的程序树子树的所有结点。由于模式可具有任意高度，该子树可以出现在程序树当前结点下方的几层空间中。该算法还正确地应用了必要的链式规则，使用此类规则会导致针对同一结点重新调用子例程，目标非终结符也将相应地改变。

2）动态规划与 LR 分析的对比

DP 方案与基于 LR 分析的方案相比有几个优点。首先，归约冲突由成本计算算法自动处理，省去了规则排序操作，而规则排序会影响 LR 分析器的生成代码质量；其次，不再需要特意打破会导致 LR 分析器陷入死循环的规则环路。最后，机器描述更简洁，因为仅成本不同的规则可以被综合成一个规则。以 VAX 机器数据进行对比，Aho 等称，仅使用 115 条规则即可实现整个 TWIG 规范，其规模仅为基于属性的指令集文法（Ganapathi 和 Fischer 针对同一目标机器所提出的）的一半。

值得注意的是，DP 方法要求代码生成问题具有最优子结构的特性，即可以通过最优求解每个子问题来整体生成最优汇编代码。

2. 将模式选择问题转化为 M(W)IS 问题

在目前讨论的技术中,针对程序 DAG 执行模式选择时大都使用基于树全覆盖的指令选择方法。但另一类直接解决模式选择问题的方法是先将此问题转化为其他问题的实例,而针对新问题已存在高效的解决方法。新问题解决后,得到的解可被转化为原来模式选择问题的解决方案。

可选问题之一是最大独立集(Maximum Independent Set,MIS)问题,其任务是在图中选择最大的结点集合,使得集合中任意两个结点之间都没有边相连。在一般情况下,该问题同样是 NP 完全的[23],可通过如下过程将指令选择问题转化为 MIS 问题。模式匹配找到的匹配集可形成对应的冲突图(Conflict Graph),有时称作干扰图(Interference Graph)。冲突图中的每个结点代表一个匹配,当且仅当匹配重叠时两个结点之间存在边连接,图 3-26 给出了示例。通过求解冲突图的 MIS 问题可得到一个匹配选择结果,使得程序 DAG 的每个结点都只被一个模式覆盖。

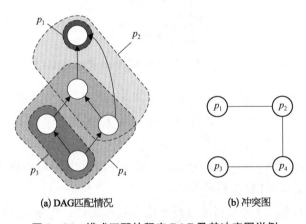

(a) DAG匹配情况　　(b) 冲突图

图 3-26　模式匹配的程序 DAG 及其冲突图举例

但是 MIS 问题的解不一定对应模式选择问题的最优解,因为前者不考虑成本。通过将 MIS 问题转化为最大权重独立集(Maximum Weighted Independent Set,MWIS)问题来解决此限制,将模式的成本视为权重,其任务是找到 MIS 问题最大化 $\Sigma_p weight(p)$ 的一个解。我们可以简单地给权重取负,即可得到最小总成本的解。

1) 应用

2007 年,Scharwaechter 等[100]首次提出了基于 MWIS 方法进行模式选择的指令选择技术。尽管整体思想很有创造性,但被引用最多的贡献点是对指令集文法的扩展以支持多输出指令。

Scharwaechter 等将产生式左侧只有一个非终结符的规则和有多个非终结符的规则进行了区分,分别称作规则(Rule)和复杂规则(Complex Rule)。另外,将规则的右侧符号称为简单模式(Simple Pattern),将复杂规则的右侧符号称为分体模式(Split Patten),分体模式的组合称为复杂模式(Complex Pattern)。[①] 前述术语可用图 3-27 清晰地说明:

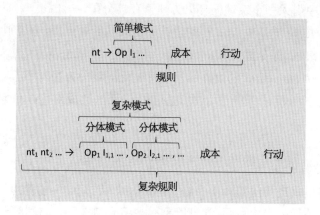

图 3-27  规则与复杂规则说明图

模式匹配分为两步。首先,使用传统的基于树的模式匹配技术找到简单模式和分体模式各自的匹配集。然后,将分体模式对应的匹配恰当地组合成可匹配复杂模式的匹配,进而生成复杂模式对应的匹配集。模式选择器随后针对特定的结点集进行检查,判定是使用复杂模式来全覆盖这些结点,还是使用简单模式对其进行全覆盖。由于复杂模式对应结点的中间结果无法被其他模式复用,选择复杂模式会引入额外开销,因为程序 DAG 的某些结点可能需要多个模式进行覆盖。假设选用复杂模式及进行相应代码复制对应的成本为 A,选用一组简单模式替换复杂模式对应的成本为 B,只有当 $B>A$ 时才会选择采用复杂模式。Scharwaechter 等通过解决相应的 MWIS 问题以便将解限制于精确全覆盖的情况。权重为分体模式成本的和的负值,但论文并没有明确说明成本是如何计算的。由于 MWIS 问题是 NP 完全的,Scharwaechter 使

---

① 在 Scharwaechter 等的论文中,它们分别被称作简单规则(simple rule)和分体规则(split rule),为了与本书的术语体系保持一致,我们称其为模式。

用了 Sakai 等[101]提出的名为 GWMIN2 的贪心启发式方法。最后输出汇编代码之前，将没被整合进复杂模式的分体模式替换成相应的简单模式。

Scharwaechter 等实现了设计原型 CBURG，作为 OLIVE 的拓展，并基于一个类似于 MIPS 的架构进行了实验。由实验数据可知，同仅使用单输出指令的汇编代码相比，CBURG 生成的汇编代码的性能提升最高可达 25%，代码体积减小了 22%。对 CBURG 的测试表明，该技术表现出近线性的时间复杂度。Ahn 等[102]随后对其进行改进，在复杂模式间引入调度依赖冲突，并在寄存器分配器中引入一个反馈循环以方便寄存器分配。

Scharwaechter 等和 Ahn 等的设计存在共同的缺点，复杂规则只能由无重叠的模式树组成，即分体模式间没有共享结点。Young 等[103]在 2011 年的文章中基于 Scharwaechter 的设计给出了解决此问题的方法，为复杂规则的操作数引入索引下标，但仅限于模式的输入结点，无法达成对完全任意模式 DAG 的支持。

3. 将模式选择转换成 Unate/Binate 覆盖问题

还可将模式选择问题转换为相应的 Unate 或 Binate 覆盖问题加以解决。两者除细微差异外基本相同，都可以直接被用来覆盖图，虽然接下来的设计仅将其应用于程序 DAG。

虽然基于 Binate 覆盖的技术出现得更早，但我们先介绍 Unate 覆盖，因为 Binate 覆盖是 Unate 覆盖的扩展。

1) Unate 覆盖

Unate 覆盖的基本思想是创建一个布尔矩阵 $M$，该矩阵的每一行代表程序 DAG 的一个结点，每一列代表覆盖一个或多个程序 DAG 结点的匹配。记 $M$ 中第 $i$ 行第 $j$ 列的元素为 $m_{ij}$，如果 $m_{ij}=1$ 表明结点 $i$ 被模式 $j$ 覆盖。因此模式选择问题等价于寻找一个合法的 $M$，使得每行元素的和至少为 1，示例如图 3-28 所示。虽然 Unate 覆盖属于 NP 完全问题，类似于 MIS 和 MWIS 问题，可凭借启发式策略高效地解决该问题[104,105]。

然而，Unate 覆盖无法表达模式选择所需的约束，因为某些模式需联合或排斥其他模式的使用以获得正确的汇编代码。例如，图 3-28a 的模式 $p_3$ 需要选用模式 $p_6$ 以覆盖 $n_4$ 而不是选择模式 $p_5$。基于指令集文法时，可通过合理使用非终结符来实施约束，但 Unate 覆盖无法描述此类限制，Binate 覆盖可满足此要求。

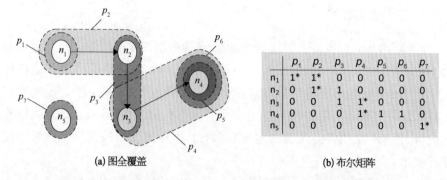

(a) 图全覆盖　　　　　　　　　(b) 布尔矩阵

**图 3-28** Unate 覆盖例子。矩阵中没有标星的 1 代表未选中的匹配，标星($1^*$)的 1 表示一个最优的模式选择

2) Binate 覆盖

首先将 Unate 覆盖对应的布尔矩阵改写成合取范式。图 3-28b 所示布尔矩阵可改写为

$$f = (p_1 \vee p_2) \wedge (p_2 \vee p_3) \wedge (p_3 \vee p_4) \wedge (p_4 \vee p_5 \vee p_6) \wedge p_7$$

Unate 覆盖的所有变量都必须是非否定的，而 Binate 覆盖的变量可以为否定。因此，前述约束在 $p_3$ 选定后强制选择 $p_6$ 可表述为

$$\neg p_3 \vee p_6$$

称其为蕴含子句(implication clause)，因它在逻辑上等价于 $p_3 \Rightarrow p_6$。可使用 $\wedge$ 将此表达式简单地添加到 $f$ 表达式尾部。

3) 应用

据 Liao 等[106,107]和 Cong 等[108]称，Binate 覆盖在解决 DAG 全覆盖问题上的开创性设计由 Rudell[109]在 1989 年提出，作为超大规模集成电路综合设计的一部分进行了实现。Liao 等[106,107]随后将其应用到指令选择上，用来为单寄存器目标机器优化代码体积。为缩小搜索空间，Liao 等将模式选择分为两个阶段来进行。首先，全覆盖程序 DAG 并选择模式，忽略必要的数据传输成本。接着将同一模式匹配的结点合并成单个结点，并构造对应的 Binate 覆盖问题来使数据传输成本达到最小。尽管可以同时完成所有操作，Liao 等却不如此实施，因为必需的蕴含子句的数量非常大。近来，Cong 等[108]以 Binate 覆盖为可重构处理器架构生成特定应用的专用指令。

### 4. 将模式选择建模为 PBQ 问题

2003 年，Eckstein 等[110]意识到将指令选择限制在局部范围会导致为定点算术数字信号处理器生成的汇编代码质量变差。此类 DSP 的一个普遍特性是定点乘法单元经常会将结果算术左移一位。因此，如果一个值是通过累加定点乘法的结果而得到的，那么它应该保持为移位模式，直到所有定点乘法执行完毕；否则累加值将会无意义地被来回移位。很难使用局部指令选择来满足此要求。

为解决此问题，Eckstein 等研发了一个首创技术，将模式选择问题转换为 PBQ(Partitioned Boolean Quadratic Problem)问题进行处理，它以 SSA 图为输入。PBQ 是二次分配问题(Quadratic Assignment Problem，QAP)的扩展，QAP 是一个基本的组合优化问题(综述见文献[111])，它最初由 Scholz 和 Eckstein[112]提出，用于解决寄存器分配问题。QAP 和 PBQ 问题都是 NP 完全的问题，Eckstein 等开发了他们自己的启发式求解器，详细介绍参见文献[110]。我们将通过自下而上地构建模型来解释 PBQ 方法，首先介绍其定义。

首先，该设计假设指令是以线性文法给出的，其中每个规则只能是基本规则或链式规则。对 SSA 图中的每个结点 $n$ 引入一个布尔向量 $r_n$，其长度等于与 $n$ 匹配的基本规则的数量，$r_n[i]=1$ 表明选定规则 $i$ 覆盖结点 $n$。规则成本由另一个相同长度的向量 $c_n$ 给出，其中每个元素值是 $x \times y$，$x$ 为规则成本，$y$ 为结点 $n$ 表示的操作对应的估计相对执行频率。对位于紧密循环中的操作，如果其对应指令的成本低，则应给予更高优先级，因此类指令会对性能带来更大的影响。对给定的 SSA 图 $(N,E)$，成本函数 $f$ 可使用上述向量定义为

$$f = \sum_{1 \leqslant n \leqslant |N|} r_n^T \cdot c_n$$

我们称其为累积基本成本(Base Cost)，因它给出了使用基本规则覆盖 SSA 图的总成本。目标为全覆盖 SSA 图的所有结点且每个结点仅被覆盖一次(也就是 $r_n^T \cdot 1 = 1$，$\forall n \in N$)，同时使得 $f$ 取最小值。

不幸的是，上述操作并不一定能找到合法的全覆盖方案，因基本规则之间没有连接。因此，从某个选定的基本规则归约成的非终结符可能并不是另一个选定的基本规则所需要的。通过为 SSA 图引入开销矩阵 $C_{nm}$ 即可解决该问题，其中 $m$ 和 $n$ 为 SSA 图结点，且有一条从 $m$ 到 $n$ 的有向边。$C_{nm}$ 的元素 $c_{ij}$

反映了为结点 $n$ 选定的规则 $i$ 和为结点 $m$ 选定的规则 $j$ 所需的总成本,可按照以下步骤计算:

① 如果规则 $j$ 将 $m$ 归约成非终结符 $h$,且规则 $i$ 产生式右部的特定位置需要 $h$,那么 $c_{ij}=0$。

② 如果前一个条件不成立,但是规则 $j$ 产生的非终结符可以通过一系列链式规则归约成期望的非终结符 $h$,那么 $c_{ij}=\Sigma c_k$,这里 $c_k$ 表示使用链式规则 $k$ 的成本。

③ 否则,$c_{ij}=\infty$,阻止包含该规则的组合被选中。

第二个规则使用的链式成本可通过先计算所有链式规则的传递闭包得到。为此,Eckstein 等似乎使用了 Floyd-Warshall 算法[113],而 Schäfer 和 Scholz[114] 随后提出通过寻找链式规则最优序列而计算每个 $c_{ij}$ 最低成本的方法。最后,根据结点的估计执行频率,再对成本进行加权。

现在通过添加累积链式成本扩展 $f$,得到如下成本函数:

$$f = \sum_{1 \leqslant n \leqslant m \leqslant |N|} r_n^T \cdot c_{nm} \cdot r_m + \sum_{1 \leqslant n \leqslant |N|} r_n^T \cdot c_n$$

随后,使用启发式 PBQ 求解器解决该模型,同样由 Eckstein 等开发实现,求解器的工作细节在此不做介绍。

Eckstein 等使用原型实现对一组选定的定点程序进行处理实验,结果表明与传统的基于树的指令选择器相比,处理性能平均提升 40%～60%,单程序最好性能提升了 82%。根据 Eckstein 等的总结,显著的性能提升得益于高效利用模式,基于树全覆盖的技术只能进行不成熟的分配,进而对代码质量造成负面影响。例如,如果选择得不好,指令选择器需要输出额外的指令来撤销相关模式的决策,除了增大代码体积,还会使程序性能受损。该方案自身存在一些限制,最主要的是 PBQ 模型只能支持模式树,因此阻碍了对许多常见目标机器特性的利用,如多输出指令。

1) 将 PBQ 方法扩展应用于模式 DAG

在 2008 年,Ebner 等[115] 解决了前述问题,将 Eckstein 等的原始 PBQ 模型进行扩展以支持模式 DAG。对 LLVM 2.1 默认的指令选择器(一个贪婪的 DAG 重写器)进行替换后,将选定的程序集面向 ARM 处理器的汇编代码性能平均提升了 13%,且对编译时间的影响可忽略不计。

Ebner 等率先对文法进行扩展,允许规则包含多个产生式,风格类似于 Scharwaechter 等[100] 的设计(见 3.2.3 的第 2 小节)。我们将这些规则称为复杂规则(Complex Rule)，并将复杂规则中的产生式称为代理规则(Proxy Rule)。然后扩充 PBQ 模型以支持对复杂规则的处理，本质上需引入新的向量和矩阵来决定是否选择复杂规则，且需要约束来强制选中所有相应的代理规则。

由于存在多个成本矩阵，需要正确地区分它们。假设所有的基础和代理规则属于 $\mathcal{B}$ 类，所有的复杂规则属于 $\mathcal{C}$ 类，开销矩阵 $C^{\mathcal{X} \to \mathcal{Y}}$ 表示从 $\mathcal{X}$ 类转换到 $\mathcal{Y}$ 类的成本。例如，一个用来计算累加链式成本的成本矩阵记作 $C_{nm}^{\mathcal{B} \to \mathcal{B}}$，因为它仅考虑基础规则。接下来继续拓展 PBQ 模型。

首先，针对在 SSA 图中与结点 $n$ 匹配的代理规则集 $SP_n$，每一个向量 $r_n$ 都使用 $SP_n$ 进行扩展。如果从多个复杂规则得到了一组相同的代理规则，那么每个复杂规则的向量长度只增加一个元素。然后，为每个不同结点的排列创建一个复杂规则的实例，其中匹配的代理规则可以组合成一个复杂的规则。针对每个实例 $i$ 都会产生一个两元素的决策向量 $d_i$ 指明 $i$ 是否被选中，第一个元素为 1 时表明没有选中，第二个元素为 1 时表明选中。类似累积基本成本，我们累积选中的复杂规则成本如下

$$\sum_{1 \leqslant i \leqslant |I|} d_i^T \cdot c_i^C$$

其中，$I$ 是复杂规则实例的集合，$c_i^C$ 是两元素成本矩阵，其元素由值 0 和复杂规则的成本组成。

选择一个复杂规则意味着其所有代理规则同样必须被选中，使用一个成本矩阵 $C_{ni}^{\mathcal{B} \to \mathcal{C}}$ 来保证这一点，其中 $n$ 是 SSA 图中的一个特定结点，$i$ 是复杂规则的特殊实例。将矩阵 $C_{ni}^{\mathcal{B} \to \mathcal{C}}$ 的元素 $c_{mj}$ 设置如下：

① 如果 $j$ 表示 $i$ 没有被选中，那么 $c_{mj} = 0$。
② 如果 $m$ 是一个与复杂规则 $i$ 无关的基础规则或代理规则，那么 $c_{mj} = 0$。
③ 否则 $c_{mj} = \infty$。

至此，可在 $f$ 后面增加如下表达式来保证选择必要的代理规则

$$\sum_{\substack{1 \leqslant n \leqslant |N| \\ 1 \leqslant i \leqslant |I|}} r_n^T \cdot C_{ni}^{\mathcal{B} \to \mathcal{C}} \cdot d_i$$

该模型存在的问题是，如果所有代理规则的成本为 0，那么就会允许一个复杂规则的所有代理规则被选中，但是该复杂规则本身却并没有被选中的解。

Ebner 等通过引入新参数以解决该问题，首先为所有的代理规则设置一个比较高的成本 $M$，随后将所有复杂规则的成本设置为 $cost(i) - |l_i|M$，这里 $l_i$ 是复杂规则 $i$ 的代理规则集合。因此，它能保证只有复杂规则被选中时才会选择对应代理规则的约束被有效执行。

有时，特定的复杂规则选择会引入循环数据依赖。为避免此问题，引入一个成本矩阵 $C_{ij}^{C \leftrightarrow C}$，在相应组合会引入循环数据依赖的时候阻止两个实例 $i$ 和 $j$ 被同时选中。Ebner 等的模型还禁止选用有重叠的复杂规则实例。此限制通过将 $C_{ij}^{C \leftrightarrow C}$ 中相应的元素设置为 $\infty$，其他元素为 $0$ 来保证这一点。

因此，Ebner 等使用的 PBQ 模型对应的 $f$ 的完整定义为

$$f = \sum_{1 \leq i \leq j \leq |I|} d_i^T \cdot C_{ij}^{C \leftrightarrow C} \cdot d_j + \sum_{\substack{1 \leq n \leq |N| \\ 1 \leq i \leq |I|}} r_n^T \cdot C_{ni}^{\mathcal{B} \leftrightarrow C} \cdot d_i + \sum_{1 \leq i \leq |I|} d_i^T \cdot c_i^C$$

$$+ \sum_{1 \leq n \leq m \leq |N|} r_n^T \cdot C_{nm}^{\mathcal{B} \leftrightarrow \mathcal{B}} \cdot r_m + \sum_{1 \leq n \leq |N|} r_n^T \cdot c_n^{\mathcal{B}}$$

5. 使用 IP 建模指令选择

如 3.1.3 节所述，分别独自进行指令选择、指令调度或寄存器分配一般得到的是次优汇编代码，因每个子问题本身都是 NP 完全问题。要同时解决三个问题，即实现整体性代码生成 (Integrated Code Generation)，则是一项更加艰巨的任务。

Wilson 等[116] 在 1994 年提出一个设计，可以说是第一个能得到真正最优汇编代码的设计。他们通过使用整数规划 (Integer Programming, IP) 完成此任务。整数规划是一种用来解决组合优化问题的方法，有时被称为整数线性规划 (ILP)。在 IP 中，问题由一组整数变量和线性方程组来描述 (参见文献 [117])，IP 模型的解是找到所有变量的一组指派以满足所有的方程。一般来说，求解一个 IP 模型是 NP 完全的，但该领域的大量研究已使得许多问题的实例比较容易处理。

在其开创性的文章中，Wilson 等指出模式选择问题可表示成如下的线性不等式

$$\sum_{p \in P_n} x_p \leq 1, \forall n \in N$$

其含义是对程序 DAG($N,E$) 的所有结点 $n$，至多有一个模式 $p$ 可以被选定，$p$ 属于 $n$ 的匹配集 $P_n$。该决策用 $x_p$ 表示，取值为 0 或 1 的布尔变量[①]。Wilson 等同时给出了描述指令调度和寄存器分配问题的类似线性方程组，这些内容在此不做介绍。实际上，任何可描述成如上形式的约束都可加入现有的 IP 模型中，针对不规则架构同样可生成代码。值得注意的是，它是首个支持相依指令的设计。

与之前介绍的指令选择技术相比，基于 IP 模型的求解一般需要消耗更多的时间，但可获得更好的代码质量；Wilson 等的实验数据表明，自动生成的汇编代码质量可和手工优化的汇编代码相媲美。理论上，使用该方法可以得到最优汇编代码，虽然实践中只适用于足够小的程序。另一个极具价值的特性是，该方法支持使用额外的约束扩展问题模型，从而支持复杂的目标机器，传统的方法一般无法支持这些目标机器，因为它们通常违反潜在启发式的假设。

1) 使用霍恩子句逼近线性求解时间

尽管 IP 模型的求解一般是 NP 完全的，但对一些问题实例，可在线性时间内找到最优解[118]，比如基于霍恩子句（Horn Clause）的问题。霍恩子句是至多包含一个非否定项的析取布尔公式，这也可以表述为最多只有一个结论的逻辑陈述。例如，以下陈述

$$\text{if } p_1 \text{ and } p_2 \text{ then } p_3$$

可以表述为 $\neg p_1 \vee \neg p_2 \vee p_3$。由于只有 $p_3$ 是非否定的，该陈述是一个霍恩子句。可以很容易地将其改写为如下的线性不等式：

$$(1-x_1)+(1-x_2)+x_3 \geqslant 1$$

这里 $x_i$ 是 $p_i$ 对应的布尔变量。

此外，不满足霍恩子句的陈述通常可以改写成满足霍恩子句的形式。例如

$$\text{if } a \text{ then } b \text{ and } c$$

可以被表示为 $\neg a \vee b \vee c$，由于含有多个非否定项，该陈述不是一个霍恩子句。但是可将其改写为

---

[①] 更常用的约束是必须选择一个模式，但是在 Wilson 等的设计中，结点可以是空闲的（inactive），因此可以不被覆盖。

$$if\ a\ then\ b$$

$$if\ a\ then\ c$$

该陈述现在可以表示为 $\neg a \vee b$ 和 $\neg a \vee c$，是两个合法的霍恩子句。

Gebotys[119] 在 1997 年利用这一特性为 TMS320C2x（当时非常典型的 DSP）设计了一个 IP 模型，其中许多目标架构、指令选择、寄存器分配约束和一部分指令调度约束都是用霍恩子句来描述的。只使用霍恩子句需要更多的约束条件，但 Gebotys 声称约束条件的数量还是可控的。Gebotys 报告称，基于一组所选的函数，与当时的商用 DSP 编译器相比，使用 IP 的实现使平均性能提升 44%，且可保证合理的编译时间。然而，当 Gebotys 使用完整的指令调度约束集增强 IP 模型时，处理耗时增加了几个数量级。

2) 使用 IP 建模模式选择问题

2006 年，Bednarski 和 Kessler[120] 设计开发了一款集成式代码生成系统，其中模式匹配和模式选择问题都使用整数规划进行求解。

总的来说，IP 模型假设对给定的程序 DAG，已经使用启发式模式匹配算法生成了足够数量的匹配 $G$。对每个匹配项 $m$，IP 模型包含以下整数变量：

① 将 $m$ 中的一个模式结点映射到 $G$ 中的一个结点；

② 将 $m$ 中的一个模式边映射到 $G$ 中的一个边；并且

③ 判断 $m$ 是否被选中为解的一部分。要记住，我们可能有过多的匹配，它们不会全都被选择。

因此，除了之前介绍的保证全覆盖的一般线性方程，该 IP 模型还包含保证选定匹配是合法匹配的方程。

该方法在 OPTIMIST 框架中得以实现，Bednarski 和 Kessler 将 IP 模型与他们开发的基于动态规划的集成式代码生成系统[121]（和 Aho 等[98] 的传统 DP 算法无关）进行了对比。Bednarski 和 Kessler 发现 OPTIMIST 极大地缩短了编译时间，同时也保证了代码质量。但对某些测例，OPTIMIST 没能在规定时间内生成任何汇编代码，即使测例中最大的模式 DAG 仅包含 33 个结点。一个合理的解释是该 IP 模型尝试解决模式匹配问题，导致在计算上已经非常困难的问题更加难以处理。

6. 使用 CP 建模指令选择

尽管整数规划允许 IP 模型包含辅助的约束，但用线性方程来表示可能很麻烦。该问题可使用约束规划(Constraint Programming,CP)加以缓解,CP是另一种解决组合优化问题的方法(参见文献[122]),它比 IP 具有更灵活的建模能力。简言之,CP 模型由一组域变量组成,每个域变量都有一组可假设的初始值和一组约束,基本上为域变量子集指定了有效值的合法组合。因此,CP 模型的解是对所有域变量的一组指派以满足所有约束。

1990 年,Bashford 和 Leupers[123]率先在代码生成中使用约束规划,为面向高度不规则架构 DSP 的集成式代码生成环境开发了一个 CP 模型(该工作在文献[124,125]也有所讨论)。类似于 Leupers 和 Marwedel 基于 IP 的设计,Bashford 和 Leupers 的设计先将目标机器的指令集分解成 RT 集,RT 被用来匹配程序 DAG 中的独立结点。由于每个 RT 都涉及目标机器上的特定寄存器,本质上覆盖问题牵涉到了寄存器分配。目标是通过组合可以并行执行的多个 RT 来使覆盖成本达到最小。

对程序 DAG 中的每个结点引入一个因子化寄存器转移(Factorized Register Transfer,FRT),FRT 基本上包含了匹配特定结点的所有 RT,可以正式地定义为以下元组:

$$\langle Op, D, [U_1, \cdots, U_n], F, C, T, CS \rangle$$

$Op$ 是结点的操作。$D$ 和 $U_1, \cdots, U_n$ 是表示结果存储位置(Storage Location)和操作相应输入的域变量。一般是可被 $Op$ 使用的寄存器,但还包括虚拟存储位置(Virtual Storage Location)存储操作链中的中间结果(如乘累加指令的乘法项)。然后,对程序 DAG 中每对相邻的操作都添加一组约束,如果存储位置 $D$ 和 $U_i$ 被分配给不同的寄存器,要保证两者间存在有效的数据传输;如果其中一个是虚拟存储位置,则要保证两者一定相同。$F$、$C$ 和 $T$ 都是域变量,它们共同表示扩展资源信息(Extended Resource Information,ERI),分别指明了该操作会在哪个功能单元上执行($F$)、成本是多少个时钟周期($C$)和使用什么类型的指令($T$)。元组的最后一项 $CS$ 是一组约束,定义了域变量取值范围和 $D$ 与 $U_i$ 之间的依赖关系,还定义了目标机器可能需要的其他辅助约束。

例如,如果一组 RT 与包含 $\{r_c = r_a + r_b, r_a = r_c + r_b\}$ 的结点匹配,那么对应的 FRT 如下

$$\langle +, D, [U_1, U_2], F, C, T, D \in \{r_c, r_a\} U_1 \in \{r_a, r_c\}, U_2 = r_b, D = r_c \Rightarrow U_1 = r_a \rangle.$$

为版面整洁忽略了一些细节。随后使用 CP 求解器即可得到最优解。由于使用 FRT 的最优覆盖是 NP 完全问题,Bashford 和 Leupers 使用了启发式

的方法将程序 DAG 沿共享结点的边拆分成更小的程序树以降低复杂性,继而在每棵程序树上独立执行指令选择。

虽然 Bashford 和 Leupers 的 CP 模型的约束似乎存在每次只能处理一个 FRT 的限制,无法支持对相依指令的处理。总的来看,基于约束规划进行指令选择似乎是一个不错的选择。与整数规划一样,约束规划可以促进集成化和潜在的最优代码的生成。

现有解决 IP 模型的工具比解决 CP 模型的工具更为成熟,这暗中致使更多的指令选择研究青睐于以整数规划为基础来开展工作。尽管如此,我们仍不清楚哪种组合优化技术最适合指令选择。

## 3.3 展望

### 3.3.1 待研究主题

尽管最近 40 年来,指令选择技术取得了巨大的进步,但当前的指令选择技术仍然存在几个显著的缺点。最值得注意的是,没有任何技术(至少据我所知)可以建模块际指令。如今此影响可得到部分缓解:通过使用自定义程序优化过程来检测并使用特定指令;一个更灵活的解决方案是使用编译器内建函数,可视为程序图中表示更复杂操作的附加节点类型,如 $\sqrt{x}$;另一个方法是直接使用汇编代码编写目标机器专用的库函数,在程序中对库函数进行内联调用。但没有一种方法是理想的:基于自定义程序优化过程的处理方案是枯燥且容易出错的工作;使用额外编译器内建函数扩展编译器通常需要大量的人工工作;针对最后一种方案,需要为每一个新的目标机器重写库函数。

由于无法支持块际指令,对于常规分支指令,人们通常使用手工编写的定制子程序进行处理。实际上,有关通用分支指令的研究文献特别少,尽管在大部分程序中,每 3～6 条指令就会出现一个分支指令[126]。正如 Boender 和 Boender 和 Coen[127] 所讨论的那样,选择合适的分支指令可以减小代码体积,对内存空间很小的目标机器来说则显得非常必要。

此外,对诸如 SIMD 指令等非相交输出指令的支持通常被视为独立于指令选择的问题。例如,一些方法可以有效使用这些指令,其中很多都是基于多面体变换[128]～[135] 而进行的。一个显著的共同点是,它们都依赖于激进的循环展开,因此仅限于处理此类指令。另一方面,大部分指令选择技术干脆选择不支持非相交输出指令（特例是 Leupers[124] 和 Arslan 与 Kuchcinski[136] 的设计）。

指令选择技术和为配置有可重构硬件的目标机器（如 ASIP）生成汇编代码的技术之间很少有重叠。ASIP 体现了灵活性与性能的折中，其指令集可使用额外指令进行扩展，允许处理器依据运行程序进行实时的功能自定义来提升代码的执行性能。发现并决定添加哪些指令的任务一般被称为指令集拓展（Instruction Set Extension, ISE）问题，为解决该问题已进行了很多研究[137]~[152]。尽管 ISE 问题可被视为广义的指令选择问题，最大的区别在于模式集不再是固定的，然而更普遍的做法是将两者区分开并进行单独处理。首先，使用扩展的指令集进行匹配和选择，一般基于的是贪婪法；随后，针对剩余的程序部分进行传统的指令选择。该方法通常是以牺牲代码质量为代价的，Murray[148] 在其 2012 年的博士论文中指出：当 ISE 问题被单独解决时，很难准确地评估使用指令集扩展的收益。在最坏的情况下，甚至会带来性能的下降。因此，整合两个问题以统一求解是一个潜在的研究方向。

另一个针对指令选择的、探索得较少的领域是能耗。目前已有一些关于指令调度和寄存器分配的研究[153]~[155]，但很少有考虑能耗和温度的指令选择研究。唯一能找到的是 Lorenz 等[156,157]、Bednarski 和 Kessler[158] 及 Schafer 等[159] 的研究，其中只有第一个技术才是真正相关的，而 Bednarski 和 Kessler 提供的集成式代码生成方法则更关注指令调度和寄存器分配，Schafer 等提供的技术仅对已选择好的指令进行功能单元重绑定。

最后，为真正得到最优的汇编代码，代码生成的三个方面必须协同进行处理。单独进行最优指令选择的意义是有限的，这主要有以下几个原因。要有效利用状态标志位，则必须同时考虑指令调度，以保证这些标志位没有被其他指令过早地改写。对 VLIW 架构来说该问题也存在，特定的模式组合可增加被调度并行执行的指令数量。另一个是再实现问题，选择重新计算一个值而不是选择寄存器溢出，这在寄存器短缺且溢出代价过高的情况下很有用，但只能在寄存器分配执行后才可得到该方法是否有用的准确信息。对拥有多种类型寄存器且需要特殊指令以实现不同类型寄存器间的数据交换的目标机器而言，指令选择和寄存器分配的联系变得更加紧密。

目前，大多数最新技术只是孤立地考虑指令选择，同时也不清楚它们能否与指令调度和寄存器分配完全且高效地结合在一起。

### 3.3.2 挑战

尽管存在这些问题，有些技术展现了巨大的应用前景，如基于组合优化的方法(Wilson 等[116]、Bashford 与 Leupers[123]、Bednarski 与 Kessler[120]、Floch 等[160]和 Arslan 与 Kuchcinski[136])。

其一,底层的建模机制促进了集成式代码的生成。其二,辅助约束可被轻松添加进现有模型,使得针对复杂目标机器的代码生成和支持相依指令的功能扩展都成为可能。其三,近来求解器技术的发展使得将这些技术应用于实际变得可行(如 Carlsson,Lozano 等[161,162])。此外,目前使用的程序表达形式阻碍了对块际指令的合理建模。

总而言之,尽管自 20 世纪 60 年代首次提出指令选择以来已取得长足的进步,指令选择却仍然是一个集体回避的问题(与人们的普遍看法相反)。随着目标机器变得越来越复杂,对代码生成的要求也越来越高,需要它更灵活、集成度更高。指令选择问题可能比以往任何时候都更需要得到深入研究。

## 参 考 文 献

[1] Aho V A, Sethi R, Ullman J D. Compilers: Principles, Techniques, and Tools. 2nd ed. Boston, Massachusetts, USA: Addison-Wesley, 2006.

[2] Appel A W, Palsberg J. Modern Compiler Implementation in Java. 2nd ed. Cambridge, England: Cambridge University Press, 2002.

[3] Cooper K D, Torczon L. Engineering a Compiler. 2nd ed. Burlington, Massachusetts, USA: Morgan Kaufmann, 2011.

[4] Fischer C N, Cytron R K, LeBlanc R J J. Crafting a Compiler. London, England: Pearson, 2009.

[5] Leupers R, Marwedel P. Retargetable Compiler Technology for Embedded Systems. Dordrecht, Netherlands: Kluwer Academic Publishers, 2001.

[6] Muchnick S. Advanced Compiler Design & Implementation. Burlington, Massachusetts, USA: Morgan Kaufmann, 1997.

[7] Wilhelm R, Maurer D. Compiler Design. Boston, Massachusetts, USA: Addison-Wesley, 1995.

[8] Cattell R G G. A Survey and Critique of Some Models of Code Generation. Tech. rep. Pittsburgh, Pennsylvania, USA: School of Computer Science, Carnegie Mellon University, 1979.

[9] Ganapathi M, Fischer C N N, Hennessy J L. Retargetable Compiler Code Generation. Computing Surveys, 1982, 14(4): 573-592.

[10] R. Leupers. Code Generation for Embedded Processors. Proceedings of the 13th International Symposium on System Synthesis. ISSS'00. Madrid, Spain: IEEE Computer Society. 2000: 173-178.

[11] Boulytche D, Lomov D. An Empirical Study of Retargetable Compilers. Proceedings of the 4th International Andrei Ershov Memorial Conference on Perspectives of System Informatics (PSI'01). 2001: 328-335.

[12] Zivojnovic V, Martinez J, Schlager C, et al. DSPstone: A DSP-Oriented Benchmarking Methodology. Proceedings of the International Conference on Signal Processing Applications and Technology. 1994: 715-720.

[13] Intel 64 and IA-32 Architectures: Software Developer's Manual. Intel. 2015.

[14] ARM11 MPCore Processor. ARM DDI 0360F. Version r2p0. ARM. Oct. 15, 2018.

[15] Anonymous reviewer. Private feedback. 2015.

[16] Anderson J P. A Note on Some Compiling Algorithms. Communications of the ACM, 1964, 7(3): 149-150.

[17] Floyd R W. An Algorithm for Coding Efficient Arithmetic Operations. Communications of the ACM, 1961, 4(1): 42-51.

[18] Nakata I. On Compiling Algorithms for Arithmetic Expressions. Communications of the ACM, 1967, 10(8): 492-494.

[19] Redziejowski R R. On Arithmetic Expressions and Trees. Communications of the ACM, 1969, 12(2): 81-84.

[20] Sethi R, Ullman J D. The Generation of Optimal Code for Arithmetic Expressions. Journal of the ACM, 1970, 17(4): 15-28.

[21] Aho A V, Johnson S C. Optimal Code Generation for Expression Trees. Journal of the ACM, 1976, 23(3): 488-501.

[22] 许胤龙,吕敏,李永坤. 图论导引. 北京:科学出版社, 2021.

[23] Garey M R, Johnson D S. Computers and Intractability. New York, USA: W. H. Freeman and Company, 1979.

[24] Bruno J and Sethi R. Code Generation for a One-Register Machine. Journal of the ACM, 1976, 23(3): 502-510.

[25] Aho A V, Johnson S C, Ullman J D. Code Generation for Expressions with Common Subexpressions. Proceedings of the 3rd SIGACT SIGPLAN Symposium on Principles on Programming Languages. USA: ACM, 1976: 19-31.

[26] Proebsting T A. Least-Cost Instruction Selection in DAGs is NP-Complete. (2013-04-23). http://research.microsoft.com/~toddpro/papers/proof.html.

[27] Koes D R, Goldstein S C. Near-Optimal Instruction Selection on DAGs. Proceedings of the 6th Annual IEEE/ACM International Symposium on Code Generation and Optimization. ACM, 2008: 45-54.

[28] Cook S A. The Complexity of Theorem-Proving Procedures. Proceedings of the 3rd Annual Symposium on Theory of Computing. ACM, 1971: 151-158.

[29] Cordella L P, Foggia P, Sansone C, et al. An Improved Algorithm for Matching Large Graphs. Proceedings of the 3rd IAPR-TC15 Workshop on Graph-based Representations in Pattern Recognition. Springer, 2001: 149-159.

[30] Fan W, Li J, Luo J, et al. Incremental Graph Pattern Matching. Proceedings of the SIGMOD International Conference on Management of Data. ACM, 2011: 925-936.

[31] Fan W, Li J, Ma S, et al. Graph Pattern Matching: From Intractable to Polynomial Time. Proceedings of the VLDB Endowment, 2010, 3(1-2): 264-275.

[32] Gallagher B. The State of the Art in Graph-Based Pattern Matching. Tech. rep. UCRL-TR-220300. Livermore, California, USA: Lawrence Livermore National Laboratory, Mar. 31, 2006.

[33] Guo Y, Smit G J, Broersma H, et al. A Graph Covering Algorithm for a Coarse Grain Reconfigurable System. Proceedings of the SIGPLAN Conference on Language, Compiler, and Tools for Embedded Systems. ACM, 2003: 199-208.

[34] Hino T, Suzuki Y, Uchida T, et al. Polynomial Time Pattern Matching Algorithm for Ordered Graph Patterns. Proceedings of the 22nd International Conference on Inductive Logic Programming. Springer, 2012: 86-101.

[35] Krissinel E B, Henrick K. Common Subgraph Isomorphism Detection by Backtracking Search. Software-Practice & Experience, 2004, 34(6): 591-607.

[36] Sorlin S, Solnon C. A Global Constraint for Graph Isomorphism Problems. Proceedings of the 1st International Conference on Integration of AI and OR Techniques in Constraint Programming for Combinatorial Optimization Problems (CPAIOR'04). Springer, 2004: 287-301.

[37] Ullmann J R. An Algorithm for Subgraph Isomorphism. Journal of the ACM, 1976, 23(1): 31-42.

[38] Arora N, Chandramohan K, Pothineni N, et al. Instruction Selection in ASIP Synthesis Using Functional Matching. Proceedings of the 23rd International Conference on VLSI Design. IEEE Computer Society, 2010: 146-151.

[39] Jiang X, Bunke H. On the Coding of Ordered Graphs. Computing, 1998, 61(1): 23-38.

[40] Jiang X, Bunke H. Marked Subgraph Isomorphism of Ordered Graphs. Advances in Pattern Recognition. Ed. by Amin A, Dori D, Pudil P, et al. Vol. 1451. Lecture Notes in Computer Science. Springer, 1998: 122-131.

[41] Jiang X, Bunke H. Including Geometry in Graph Representations: A Quadratic-Time Graph Isomorphism Algorithm and Its Applications. Advances in Structural and Syntactical Pattern Recognition. Ed. by Perner P, Wang P, Rosenfeld A. Vol. 1121. Lecture Notes in Computer Science. Springer, 1996: 110-119.

[42] Lattner C, Adve V. LLVM: A Compilation Framework for Lifelong Program Analysis & Transformation. Proceedings of the International Symposium on Code Generation and Optimization: Feedback-Directed and Runtime Optimization. IEEE Computer Society, 2004: 75-86.

[43] Bendersky E. A Deeper Look into the LLVM Code Generator: Part 1. (2013-05-10). http://eli.thegreenplace.net/2013/02/25/a-deeper-look-into-the-llvm-code-generator-part-1/.

[44] Yu K H, Hu Y H. Artificial Intelligence in Scheduling and Instruction Selection for Digital Signal Processors. Applied Artificial Intelligence, 1994, 8(3): 377 - 392.

[45] Yu K H, Hu Y H. Efficient Scheduling and Instruction Selection for Programmable Digital Signal Processors. Transactions on Signal Processing, 1994, 42(12): 3549 - 3552.

[46] Sacerdoti E D. Planning in a Hierarchy of Abstraction Spaces. Proceedings of the 3rd International Joint Conference on Artificial Intelligence. Morgan Kaufmann, 1973: 412 - 422.

[47] Hoover R, Zadeck K. Generating Machine Specific Optimizing Compilers. Proceedings of the 23rd SIGPLAN-SIGACT Symposium on Principles of Programming Languages. ACM, 1996: 219 - 229.

[48] Wasilew S G. A Compiler Writing System with Optimization Capabilities for Complex Object Order Structures. AAI7232604. Doctoral thesis. Evanston, Illinois, USA: Northwestern University, 1972.

[49] Weingart S W. An Efficient and Systematic Method of Compiler Code Generation. AAI7329501. Doctoral thesis. New Haven, Connecticut, USA: Yale University, 1973.

[50] Lunell H. Code Generator Writing Systems. No. 94. Doctoral thesis. Linköping, Sweden: Linköping University, 1983.

[51] Johnson S C. A Portable Compiler: Theory and Practice. Proceedings of the 5th SIGACT-SIGPLAN Symposium on Principles of Programming Languages. ACM, 1978: 97 - 104.

[52] Snyder A. A Portable Compiler for the Language C. MA thesis. Cambridge, Massachusetts, USA, 1975.

[53] Johnson S C. A Tour Through the Portable C Compiler. Unix Programmer's Manual. 7th ed. Vol. 2B. Murray Hill, New Jersey, USA: AT&T Bell Laboratories, 1981. Chap. 33.

[54] Reiser J F. Compiling Three-Address Code for C Programs. The Bell System Technical Journal, 1981, 60(2): 159 - 166.

[55] Glanville R S, Graham S L. A New Method for Compiler Code Generation. Proceedings of the 5th SIGACT-SIGPLAN Symposium on Principles of Programming Languages. Springer, 1978: 231 - 254.

[56] Aigrain P, Graham S L, Henry R R, et al. Experience with a Graham-Glanville Style Code Generator. Proceedings of the SIGPLAN Symposium on Compiler Construction. ACM, 1984: 13 - 24.

[57] Graham S L. Table-Driven Code Generation. Computer, 1980, 13(8): 25 - 34.

[58] Graham S L, Henry R R, Schulman R A. An Experiment in Table Driven Code Generation. Proceedings of the SIGPLAN Symposium on Compiler Construction. ACM, 1982: 32 - 43.

[59] Landwehr R, Jansohn H S, Goos G. Experience with an Automatic Code Generator Generator. Proceedings of the 1982 SIGPLAN Symposium on Compiler Construction. ACM, 1982: 56 - 66.

[60] Henry R R. Graham-Glanville Code Generators. UCB/CSD-84-184. Doctoral thesis. Berkeley, California, USA: EECS Department, University of California, May 1984.

[61] Emmelmann H. Testing Completeness of Code Selector Specifications. Proceedings of the 4th International Conference on Compiler Construction. Springer, 1992: 163-175.

[62] Brandner F. Completeness of Automatically Generated Instruction Selectors. Proceedings of the 21st International Conference on Application Specific Systems, Architectures and Processors. IEEE Computer Society, 2010: 175-182.

[63] Pennello T J. Very Fast LR Parsing. Proceedings of the SIGPLAN Symposium on Compiler Construction. ACM, 1986: 145-151.

[64] Ceruzzi P E. A History of Modern Computing. 2nd ed. Cambridge, Massachusetts, USA: MIT Press, 2003.

[65] Ganapathi M. Retargetable Code Generation and Optimization Using Attribute Grammars. AAI8107834. Doctoral thesis. Madison, Wisconsin, USA: The University of Wisconsin-Madison, 1980.

[66] Ganapathi M, Fischer C N. Affix Grammar Driven Code Generation. Transactions on Programming Languages and Systems, 1985, 7(4): 560-599.

[67] Ganapathi M, Fischer C N. Description-Driven Code Generation Using Attribute Grammars. Proceedings of the 9th SIGPLAN-SIGACT Symposium on Principles of Programming Languages. ACM, 1982: 108-119.

[68] Ganapathi M, Fischer C N. Instruction Selection by Attributed Parsing. Tech. rep. No. 84-256. Stanford, California, USA: Stanford University, 1984.

[69] Knuth D E. Semantics of Context-Free Languages. Mathematical Systems Theory, 1968, 2(2): 127-145.

[70] Farrow R. Experience with an Attribute Grammar-based Compiler. Proceedings of the 9th SIGPLAN-SIGACT Symposium on Principles of Programming Languages. ACM, 1982: 95-107.

[71] Ganapathi M. Prolog Based Retargetable Code Generation. Computer Languages, 1989, 14(3): 193-204.

[72] Christopher T W, Hatcher P J, Kukuk R C. Using Dynamic Programming to Generate Optimized Code in a Graham-Glanville Style Code Generator. Proceedings of the SIGPLAN Symposium on Compiler Construction. ACM, 1984: 25-36.

[73] Earley J. An Efficient Context-Free Parsing Algorithm. Communications of the ACM, 1970, 13(2): 94-102.

[74] Madhavan M, Shankar P, Rai S, et al. Extending Graham-Glanville Techniques for Optimal Code Generation. Transactions on Programming Languages and Systems, 2000, 22(6): 973-1001.

[75] Shankar P, Gantait A, Yuvaraj A R, et al. A New Algorithm for Linear Regular Tree Pattern Matching. Theoretical Computer Science, 2000, 242(1-2): 125-142.

[76] Yang W. A Fast General Parser for Automatic Code Generation. Proceedings of the

2nd Russia-Taiwan Conference on Methods and Tools of Parallel Programming Multicomputers. Springer, 2010: 30-39.

[77] Newcomer J M. Machine-Independent Generation of Optimal Local Code. Order number: AAI7521781. Doctoral thesis. Pittsburgh, Pennsylvania, USA: Carnegie Mellon University, 1975.

[78] Newell A, Simon H A. The Simulation of Human Thought. Tech. rep. Santa Monica, California, USA: Mathematics Devision, RAND Corporation, June 1959.

[79] Cattell R G. Automatic Derivation of Code Generators from Machine Descriptions. Transactions on Programming Languages and Systems 2.2, 1980: 173-190.

[80] Cattell R G, Newcomer J M, Leverett B W. Code Generation in a Machine-Independent Compiler. Proceedings of the SIGPLAN Symposium on Compiler Construction. ACM, 1979: 65-75.

[81] Leverett B W, Cattell R G G, Hobbs S O, et al. An Overview of the Production-Quality Compiler-Compiler Project. Computer, 1980, 13(8): 38-49.

[82] Wulf W A, Johnsson R K, Weinstock C B, et al. The Design of an Optimizing Compiler. Amsterdam, Netherlands: Elsevier, 1975.

[83] Chen T, Lai F, Shang R. A Simple Tree Pattern Matching Algorithm for Code Generator. Proceedings of the 19th Annual International Conference on Computer Software and Applications. IEEE Computer Society, 1995: 162-167.

[84] Cole R, Hariharan R. Tree Pattern Matching and Subset Matching in Randomized O ($nlog^3$ m) Time. Proceedings of the 29th Annual Symposium on Theory of Computing. ACM, 1997: 66-75.

[85] Dubiner M, Galil Z, Magen E. Faster Tree Pattern Matching. Journal of the ACM, 1994, 41(2): 205-213.

[86] Hoffmann C M, O'Donnell M J. Pattern Matching in Trees. Journal of the ACM, 1982, 29(1): 68-95.

[87] Karp R M, Miller R E, Rosenberg A L. Rapid Identification of Repeated Patterns in Strings, Trees and Arrays. Proceedings of the 4th Annual Symposium on Theory of Computing. ACM, 1972: 125-136.

[88] Purdom Jr P W, Brown C A. Fast Many-to-One Matching Algorithms. Proceedings of the 1st International Conference on Rewriting Techniques and Applications. Springer, 1985: 407-416.

[89] Ramesh R, Ramakrishnan I V. Nonlinear Pattern Matching in Trees. Journal of the ACM, 1992, 39(2): 295-316.

[90] Shamir R, Tsur D. Faster Subtree Isomorphism. Journal of Algorithms, 1999, 33(2): 267-280.

[91] Weisgerber B, Wilhelm R. Two Tree Pattern Matchers for Code Selection. Proceedings of the 2nd CCHSC Workshop on Compiler Compilers and High Speed Compilation. Springer, 1989: 215-229.

[92] Wuu H T L, Yang W. A Simple Tree Pattern-Matching Algorithm. Proceedings of the Workshop on Algorithms and Theory of Computation. Chiyayi, Taiwan, 2000: 1-8.

[93] Aho A V, Corasick M J. Efficient String Matching: An Aid to Bibliographic Search. Communications of the ACM, 1975, 18(6): 333-340.

[94] Knuth D E, Morris J H J, Pratt V R. Fast Pattern Matching in Strings. SIAM Journal of Computing, 1977, 6(2): 323-350.

[95] Balachandran A, Dhamdhere D M, and Biswas S. Efficient Retargetable Code Generation Using Bottom-Up Tree Pattern Matching. Computer Languages, 1990, 15(3): 127-140.

[96] Ripken K. Formale Beschreibung von Maschinen, Implementierungen und Optimierender Maschinencodeerzeugung aus Attributierten Programmgraphen. Tech. rep. TUM-INFO-7731. Munich, Germany: Technical University of Munich, July 1977.

[97] Aho A V, Ganapathi M. Efficient Tree Pattern Matching: An Aid to Code Generation. Proceedings of the 12th SIGACT-SIGPLAN Symposium on Principles of Programming Languages. ACM, 1985: 334-340.

[98] Aho A V, Ganapathi M, Tjiang S W K. Code Generation Using Tree Matching and Dynamic Programming. Transactions on Programming Languages and Systems, 1989, 11(4): 491-516.

[99] Tjiang S W K. Twig Reference Manual. Tech. rep. Murray Hill, New Jersey, USA: AT&T Bell Laboratories, 1986.

[100] Scharwaechter H, Youn J M, Leupers R, et al. A Code-Generator Generator for Multi-Output Instructions. Proceedings of the 5th IEEE/ACM International Conference on Hardware/Software Codesign and System Synthesis. ACM, 2007: 131-136.

[101] Sakai S, Togasaki M, Yamazaki K. A Note on Greedy Algorithms for the Maximum Weghted Independent Set Problem. Discrete Applied Mathematics, 2003, 126(2-3): 313-322.

[102] Ahn M, Youn J M, Choi Y, et al. Iterative Algorithm for Compound Instruction Selection with Register Coalescing. Proceedings of the 12th Euromicro Conference on Digital System Design, Architectures, Methods and Tools. IEEE Computer Society, 2009: 513-520.

[103] Youn J M, Lee J, Paek Y, et al. Fast Graph-Based Instruction Selection for Multi-Output Instructions. Software—Practice & Experience, 2011, 41(6): 717-736.

[104] Cordone R, Ferrandi F, Sciuto D, et al. An Efficient Heuristic Approach to Solve the Unate Covering Problem. Proceedings of the Conference and exhibition on Design, Automation and Test in Europe. IEEE Computer Society, 2000: 364-371.

[105] Goldberg E I, Carloni L P, Villa T, et al. Negative Thinking in Branch-and-Bound: The Case of Unate Covering. Transactions of Computer-Aided Design of Integrated

Ciruits and Systems, 2006, 19(3): 281-294.

[106] Liao S, Keutzer K, Tjiang S, et al. A New Viewpoint on Code Generation for Directed Acyclic Graphs. Transactions on Design Automation of Electronic Systems, 1998, 3(1): 51-75.

[107] Liao S, Devadas S, Keutzer K, et al. Instruction Selection Using Binate Covering for Code Size Optimization. Proceedings of the IEEE/ACM International Conference on Computer-Aided Design. IEEE Computer Society, 1995: 393-399.

[108] Cong J, Fan Y, Han G, et al. Application-Specific Instruction Generation for Configurable Processor Architectures. Proceedings of the ACM/SIGDA 12th International Symposium on Field Programmable Gate Arrays. ACM, 2004: 183-189.

[109] Rudell R L. Logic Synthesis for VLSI Design. AAI9006491. Doctoral thesis. Berkeley, California, USA: University of California, 1989.

[110] Eckstein E, Konig O, Scholz B. Code Instruction Selection Based on SSA-Graphs. Proceedings of the 7th International Workshop on Software and Compilers for Embedded Systems (SCOPES'03). Ed. by Krall A. Vol. 2826. Lecture Notes in Computer Science. Springer, 2003: 49-65.

[111] Loiola E M, Maia de Abreu N M, Boaventura-Netto P O, et al. A Survey for the Quadratic Assignment Problem. European Journal of Operational Research, 2007, 176(2): 657-690.

[112] Scholz B, Eckstein E. Register Allocation for Irregular Architectures. Proceedings of the joint Conference on Languages, Compilers and Tools for Embedded Systems and Software and Compilers for Embedded Systems. ACM, 2002: 139-148.

[113] Floyd R W. Algorithm 97: Shortest Path. In: Communications of the ACM, 1962, 5 (6): 345.

[114] Schafer S, Scholz B. Optimal Chain Rule Placement for Instruction Selection Based on SSA Graphs. Proceedings of the 10th International Workshop on Software and Compilers for Embedded Systems. ACM, 2007: 91-100.

[115] Ebner D, Brandner F, Scholz B, et al. Generalized Instruction Selection Using SSA-Graphs. Proceedings of the SIGPLAN-SIGBED Conference on Languages, Compilers, and Tools for Embedded Systems. ACM, 2008: 31-40.

[116] Wilson T, Grewal G, Halley B, et al. An Integrated Approach to Retargetable Code Generation. Proceedings of the 7th International Symposium on High-Level Synthesis. IEEE Computer Society, 1994: 70-75.

[117] Wolsey L A. Integer Programming. Hoboken, New Jersey, USA: Wiley, 1998.

[118] Hooker J N. Resolution vs. Cutting Plane Solution of Inference Problems: Some Computational Experience. Operations Research Letters, 1988, 7(1): 1-7.

[119] Gebotys C H. An Efficient Model for DSP Code Generation: Performance, Code Size, Estimated Energy. Proceedings of the 10th International Symposium on System

Synthesis. IEEE Computer Society, 1997: 41-47.

[120] Bednarski A, Kessler C W. Optimal Integrated VLIW Code Generation with Integer Linear Programming. Proceedings of the 12th International Euro-Par Conference. Vol. 4128. Lecture Notes in Computer Science. Dresden, Germany: Springer, 2006: 461-472.

[121] Kessler C W, Bednarski A. A Dynamic Programming Approach to Optimal Integrated Code Generation. Proceedings of the Conference on Languages, Compilers, and Tools for Embedded Systems. ACM, 2001: 165-174.

[122] Rossi F, Van Beek P, Walsh T. Handbook of Constraint Programming. Amsterdam, Netherlands: Elsevier, 2006.

[123] Bashford S, Leupers R. "Constraint Driven Code Selection for Fixed-Point DSPs". Proceedings of the 36th Annual ACM/IEEE Design Automation Conference. ACM, 1999: 817-822.

[124] Leupers R. Code Selection for Media Processors with SIMD Instructions. Proceedings of the Conference on Design, Automation and Test in Europe. ACM, 2000: 4-8.

[125] Leupers R, Bashford S. Graph-Based Code Selection Techniques for Embedded Processors. Transactions on Design Automation of Electronic Systems, 2000, 5: 794-814.

[126] Hennessy J L, Patterson D A. Computer Architecture: A Quantitative Approach. 5th ed. Burlington, Massachusetts, USA: Morgan Kaufmann, 2011.

[127] Boender J, Coen C S. On the Correctness of a Branch Displacement Algorithm. Proceedings of the 20th International Conference on Tools and Algorithms for the Construction and Analysis of Systems. 2014: 605-619.

[128] Allen R, Kennedy K. Automatic Translation of FORTRAN Programs to Vector Form. Transactions on Programming Language Systems, 1987, 9(4): 491-542.

[129] Barik R, Zhao J, Sarkar V. Efficient Selection of Vector Instructions Using Dynamic Programming. Proceedings of the 43rd Annual IEEE/ACM International Symposium on Microarchitecture. IEEE Computer Society, 2010: 201-212.

[130] Hohenauer M, Schumacher C, Leupers R, et al. Retargetable Code Optimization with SIMD Instructions. Proceedings of the 4th International Conference on Hardware/Software Codesign and System Synthesis. ACM, 2006: 148-153.

[131] Kim S, Han H. Efficient SIMD Code Generation for Irregular Kernels. Proceedings of the 17th SIGPLAN Symposium on Principles and Practice of Parallel Programming. ACM, 2012: 55-64.

[132] Kong M, Veras R, Stock K, et al. When Polyhedral Transformations Meet SIMD Code Generation. Proceedings of the 34th SIGPLAN Conference on Programming Language Design and Implementation. ACM, 2013: 127-138.

[133] Krall A, Lelait S. Compilation Techniques for Multimedia Processors. International Journal of Parallel Programming, 2000, 28(4): 347-361.

[134] Trifunovic K, Nuzman D, Cohen A, et al. Polyhedral-Model Guided Loop-Nest Auto-Vectorization. Proceedings of the 2009 18th International Conference on Parallel Architectures and Compilation Techniques. IEEE Computer Society, 2009: 327-337.

[135] Wu P, Eichenberger A E, Wang A. Efficient SIMD Code Generation for Runtime Alignment and Length Conversion. Proceedings of the International Symposium on Code Generation and Optimization. IEEE Computer Society, 2005: 153-164.

[136] Arslan M A, Kuchcinski K. Instruction Selection and Scheduling for DSP Kernels on Custom Architectures. Proceedings of the 16th EUROMICRO Conference on Digital System Design. IEEE Computer Society, Sept. 4-6, 2013.

[137] Almer O, Bennett R, Bohm I, et al. An End-to-End Design Flow for Automated Instruction Set Extension and Complex Instruction Selection based on GCC. 1st International Workshop on GCC Research Opportunities, 2009: 49-60.

[138] Arato P, Juhasz S, Mann Z A, et al. Hardware-Software Partitioning in Embedded System Design. International Symposium on Intelligent Signal Processing. IEEE Computer Society, 2003: 197-202.

[139] Atasu K, Dundar G, Ozturan C. An Integer Linear Programming Approach for Identifying Instruction-Set Extensions. Proceedings of the 3rd IEEE/ACM/IFIP International Conference on Hardware/Software Codesign and System Synthesis. ACM, 2005: 172-177.

[140] Atasu K, Pozzi L, Ienne P. Automatic Application-Specific Instruction-Set Extensions Under Microarchitectural Constraints. Proceedings of the 40th Annual Design Automation Conference. ACM, 2003: 256-261.

[141] Bauer L, Shafique M, Henkel J. Run-Time Instruction Set Selection in a Transmutable Embedded Processor. Design Automation Conference, 2008. IEEE Computer Society, 2008: 56-61.

[142] Bennett R V, Murray A C, Franke B, et al. Combining Source-to-Source Transformations and Processor Instruction Set Extensions for the Automated Design-Space Exploration of Embedded Systems. Proceedings of the SIGPLAN/SIGBED Conference on Languages, Compilers, and Tools for Embedded Systems. ACM, 2007: 83-92.

[143] Boulytchev D. BURS-Based Instruction Set Selection. Proceedings of the 6th International Andrei Ershov Memorial Conference on Perspectives of Systems Informatics. Springer, 2007: 431-437.

[144] Brisk P, Kaplan A, Kastner R, et al. Instruction Generation and Regularity Extraction for Reconfigurable Processors. Proceedings of the International Conference on Compilers, Architecture, and Synthesis for Embedded Systems. ACM, 2002: 262-269.

[145] Clark N, Zhong H, Mahlke S. Processor Acceleration Through Automated Instruction Set Customization. Proceedings of the 36th Annual IEEE/ACM

International Symposium on Microarchitecture. IEEE Computer Society, 2003: 129-140.

[146] Huang I, Despain A M. Synthesis of Application Specific Instruction Sets. Transactions on Computer Aided Design of Integrated Circuits and Systemsx, 1995, 28(4): 663-675.

[147] Kastner R, Kaplan A, Memik S O, et al. Instruction Generation for Hybrid Reconfigurable Systems. Transactions on Design Automation of Electronic Systemsx, 2002, 28(4): 605-627.

[148] Murray A C. Customising Compilers for Customisable Processors. Doctoral thesis. Edinburgh, Scotland: University of Edinburgh, 2012.

[149] Murray A, Franke B. Compiling for Automatically Generated Instruction Set Extensions. Proceedings of the 10th International Symposium on Code Generation and Optimization. ACM, 2012: 13-22.

[150] Niemann R, Marwedel P. An Algorithm for Hardware/Software Partitioning Using Mixed Integer Linear Programming. Design Automation for Embedded Systems, 1997, 2(2): 165-193.

[151] Yu P, Mitra T. Scalable Custom Instructions Identification for Instruction-Set Extensible Processors. Proceedings of the International Conference on Compilers, Architecture, and Synthesis for Embedded Systems. ACM, 2004: 69-78.

[152] Galuzzi C, Bertels K. The Instruction-Set Extension Problem: A Survey. Transactions on Reconfigurable Technology and Systems, 2011, 4(2): 18.

[153] Lee C, Lee J K, Hwang T, et al. Compiler Optimization on VLIW Instruction Scheduling for Low Power. Transactions on Design Automation of Electronic Systems, 2003, 8(2): 252-268.

[154] Mutyam M, Li F, Narayanan V, et al. Compiler-Directed Thermal Management for VLIW Functional Units. In: Proceedings of the SIGPLAN/SIGBED Conference on Language, Compilers, and Tool Support for Embedded Systems. ACM, 2006: 163-172.

[155] Parikh A, Kim S, Kandemir M, et al. Instruction Scheduling for Low Power. Journal of VLSI Signal Processing Systems for Signal, Image and Video Technology, 2004, 37(1): 129-149.

[156] Lorenz M, Leupers R, Marwedel P, et al. Low-Energy DSP Code Generation Using a Genetic Algorithm. Proceedings of the International Conference on Computer Design. IEEE Computer Society, 2001: 431-437.

[157] Lorenz M, Marwedel P. Phase Coupled Code Generation for DSPs Using a Genetic Algorithm. Proceedings of the 9th Conference and Exhibition on Design, Automation and Test in Europe. IEEE Computer Society, 2004: 1270-1275.

[158] Bednarski A, Kessler C. Energy-Optimal Integrated VLIW Code Generation. Proceedings of the 11th Workshop on Compilers for Parallel Computers. 2004: 227-

238.

[159] Schafer B, Lee Y, Kim T. Temperature-Aware Compilation for VLIW Processors. Proceedings for the 13th International Conference on Embedded and Real-Time Computing Systems and Applications. IEEE Computer Society, 2007: 426-431.

[160] Floch A, Wolinski C, Kuchcinski K. Combined Scheduling and Instruction Selection for Processors with Reconfigurable Cell Fabric. Proceedings of the 21st International Conference on Application-Specific Systems, Architectures and Processors. IEEE Computer Society, 2010: 167-174.

[161] Lozano R C, Carlsson M, Drejhammar F, et al. Constraint-Based Register Allocation and Instruction Scheduling. Proceedings of the 18th International Conference on the Principles and Practice of Constraint Programming (CP'12). Ed. by Milano M. Vol. 7514. Lecture Notes in Computer Science. Springer, 2012: 750-766.

[162] Lozano R C, Carlsson M, Hjort Blindell G, et al. Combinatorial Spill Code Optimization and Ultimate Coalescing. Proceedings of the 14th SIGPLAN/SIGBED Conference on Languages, Compilers and Tools for Embedded Systems. 2014: 23-32.

[163] Graham S L, Henry R R, Schulman R A. An Experiment in Table Driven Code Generation. Proceedings of the SIGPLAN Symposium on Compiler Construction. ACM, 1982: 32-43.

# 第4章
# 通用算子恢复技术

随着现代社会向数字化、自动化、智能化的方向转型发展,人们对计算服务的需求与日俱增。效率、灵活性和易用性已成为新硬件架构设计中最关键的三个评价指标。

多数人习惯于串行化思维模式,高级语言通常描述的是串行执行过程,使用高级语言编程时,软件研发人员的效率更高。如何让不了解硬件设计的软件人员采用纯软件思维就能对软件定义芯片进行高效编程,以降低使用门槛、拓展使用范围、加快应用的迭代与部署速度,即提高软件定义芯片的易用性,是一个艰巨的挑战,也是一个亟待解决的问题。

## 4.1 提高软件定义芯片易用性的相关技术

本小节从编程模型、性能优化、软件复用和指令选择四个不同层面分析提高软件定义芯片易用性所需要做的工作及实施的难易程度。

在编程模型层面,对于软件定义芯片而言,最直接的应对方法是提供一种领域定制语言 DSL,来弥补硬件和软件在语义上的鸿沟,尽可能多地提供必要的硬件实现细节。为获得高性能,程序员必须先熟悉目标硬件架构的特点,进而再改写原有程序代码。相对于跨领域通用的编程语言,DSL 提供专用的功能描述、语法复杂、学习成本高,导致源程序变得难以维护和移植、降低了编译系统的易用性、使软件开发的时间成本大大增加;在硬件架构快速迭代的阶段,直接花费大量人力物力针对不断演化的体系结构设计开发自动化的编译器也不现实。因此,这导致在设计软件定义芯片时,目标应用难以对硬件设计中的决策进行快速响应,通常面临无软件可用的困境。

在性能优化层面,软件定义芯片通过使用动态编译(Dynamic Compilation)或者动态调度(Dynamic Scheduling)来弥补硬件和软件在细节抽象上的差异,尽可能多地自动优化对硬件的使用,从而降低芯片软件编程的复杂度。由于软件和硬件本身特性的矛盾,弥合两者之间的差距将极其困难。

在软件复用层面,可使用虚拟化技术为软件和硬件提供一个中间虚拟化层,软件只需对虚拟化实体进行调度来开发芯片的易用性。首先,要从众多迥异的软件定义芯片架构抽象出一个统一的虚拟化计算模型,这不是件容易的事情;其次,当软件定义芯片被虚拟化后,如何将虚拟化的模型动态地映射到具体的硬件上也是一个不小的挑战。虚拟化技术存在模型抽象困难、软件调度虚拟化实体性能差且代价很高的问题,如何高效地实现软件调度的虚拟化硬件优化同样是软件定义芯片面临的一个重大挑战。

具体到指令选择的细节层面而言,自20世纪60年代初提出指令选择以来,人们在该领域取得了长远的进步,但指令选择仍然是一个集体回避的问题。如第三章所述,指令选择基本是基于树全覆盖、DAG全覆盖或图全覆盖策略针对超细粒度的操作集进行基本的指令选择,很难保证指令选择的全局最优性;另外,当前的指令选择技术无法针对块际指令进行建模,针对高频出现的分支指令必须单独处理,统计数据显示,每3~6条指令就包含一个分支指令。随着目标机器变得越来越复杂,如何更灵活、更高效地生成机器代码,是一个比以往任何时候都更加需要研究的问题。

## 4.2 算子恢复技术的引入

软件定义芯片的功能,最终要靠程序员编写的软件来驱动实现。一套硬件能否吸引大量用户投入精力去开发软件的一个必要条件是硬件支持的软件需向前兼容,即用户之前编写的软件能比较方便地在新的芯片上正确运行。一个优秀的编译系统可以在不过多地影响程序员生产力的条件下,有效地挖掘软件定义芯片的硬件潜能,为用户提供更加方便且高效地使用芯片硬件资源的方法。

通用算子恢复技术基于图匹配技术、最优化原理(Principle of Optimality,PO)方法和软件逆向(Software Reverse,SR)思维,将细粒度的通用操作集恢复成粗粒度的芯片算子操作,为增强软件定义芯片的编程效率和计算效率提供一套可行方案。对比现有技术,算子恢复技术以通用编译器针对高级语言程序编译生成的数据流图为输入,输出由芯片算子操作构成的目标数据流图,为映射器将目标 DFG 高效映射到目标芯片提供高质量的输入,从而显著提高软件定义芯片的易用性和计算效率。使用通用算子恢复技术可为针对块际指令和循环控制的处理提供一个可行思路,见 4.3.1 节对抽象算子的具体介绍。

软件定义芯片目前基本是面向领域应用而设计的,不同芯片支持的算子操作集不同,通常差异巨大。面对软件和硬件在细节抽象上存在的巨大差异,软件定义芯片通用算子恢复技术为高级语言程序和芯片硬件架起了一座高效沟通的桥梁。

本章介绍的面向软件定义芯片通用的算子恢复技术是最新的原创研究成果,已申请国家发明专利。

## 4.3 软件定义芯片通用算子恢复系统

软件定义芯片通用算子恢复系统由几大模块组成,主要涉及图匹配模块、算子聚合模块、算子选择模块、算子生成模块、算子基本模板库、算子聚合模板库和图匹配优先级序列,如图 4-1 所示。算子基本模板库用于存储算子基础

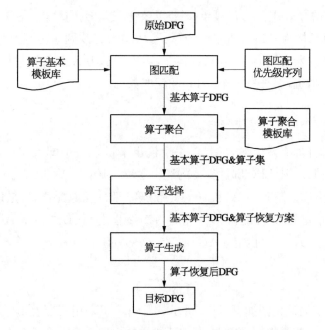

图 4-1 面向软件定义芯片的通用算子恢复框架图

形态对应的数据流图(Data Flow Graph，DFG)模板；算子聚合模板库用于存储算子聚合模块使用的聚合模板；图匹配优先级序列规定了算子基本模板库中算子模板匹配的先后顺序；图匹配模块基于图匹配技术(参 3.1.5 的第 2 小节)根据图匹配优先级序列，使用算子基本模板库对原始数据流图实施图匹配操作生成基本算子 DFG 图；算子聚合模块使用算子聚合模板库，基于图匹配技术对基本算子 DFG 图实施图匹配操作，生成算子集合 $S_{vg}$；算子选择模块基于基本算子 DFG 图和算子集合 $S_{vg}$ 生成整体最优的算子恢复方案；算子生成模块基于算子恢复方案对基本算子 DFG 图进行调整生成软件定义芯片直接可用的由芯片算子构成的目标 DFG 图。

将核心的算子匹配工作分为图匹配模块和算子聚合模块两部分完成，其原因是为了使基于图匹配的算子恢复技术实际可行并大大降低算子恢复耗时，具体分析见 4.3.2 的第 2 与第 4 小节。

为更好地介绍软件定义芯片通用算子恢复系统的各个模块，首先引入一组软件定义芯片支持的抽象算子，基于给出的抽象算子集来展开具体阐述。

### 4.3.1　软件定义芯片抽象算子

本小节给出一组软件定义芯片可能支持的示例抽象算子，包括逻辑算子(LU)、加法算子(AU)、移位算子(SU)以及比较算子(CU)。

所有算子均为三输入两输出的算子，从输入有效到输出有效为 1 个时钟周期。三个输入分别表示为 A、B 和 T，输出表示为 X 和 Y。数据均为 32bit 数据及 1bit 数据，另外有一个 31bit 的配置数据。

#### 1. LBC 部件

LBC 部件拥有两个输入端口、一个输出端口和一个配置端口，以 A 和 B 代表输入数据为例，LBC 部件支持的逻辑运算包括：~A(非 A)、A^B、A&B、A|B、~A^B、~A&B、~A|B。CFG 是 LBC 部件功能配置码，是位宽为 3bit 的数据：0 指定 LBC 功能为 A、1 指定~A、2 指定 A^B、3 指定 A&B、4 指定 A|B、5 指定~A^B、6 指定~A&B、7 指定~A|B。

#### 2. LU 算子

LU 算子的结构图如图 4-2 所示。逻辑算子采用三层叠形结构，支持常见的三输入逻辑表达式，单输入在表达式中的出现次数不超过 2 次。

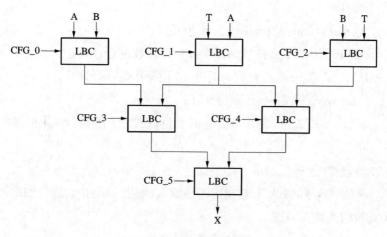

图 4-2 逻辑算子结构图

CFG_0 至 CFG_5 为 LBC 部件功能配置数据,指定 LBC 部件具体执行的功能。X 为逻辑表达式运算结果的输出,输出 Y 没有在图中表现出来,Y 提供 bypass 数据,可为三输入 A、B 和 T 中的任意一个数据。

3. AU 算子

AU 算子的结构图如图 4-3 所示。

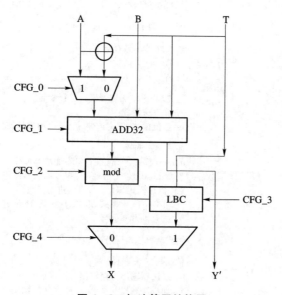

图 4-3 加法算子结构图

算子特性如下：
- 支持 8bit/16bit/32bit/2^31-1 模式加法
  - 8bit 模式下，A、B 被视为四个 8 位操作数进行计算；
  - 16bit 模式下，A、B 被视为两个 16 位操作数进行计算；
  - 32bit 模式下，对 A、B 直接计算；
  - 2^31-1 模式下，取 A、B 的低 31 位进行加法计算，计算结束再对 2^31-1 取模。
- 支持进位/无进位加法
  - 进位模式下，输入 T 被视为进位输入，输出 Y 则作为进位输出。
- 支持输入数据异或
  - 支持 A 和 T 异或后与 B 进行加法操作。
- 支持输出数据逻辑处理
  - 支持 X 和 T 进行逻辑操作后作为最终的 X 输出。

图 4-3 中符号名称的具体说明见表 4-1。

表 4-1  AU 算子符号说明

| 名称 | 位宽/bit | 配置码位置 | 说明 |
| --- | --- | --- | --- |
| A/B/T | 32 | — | AU 的三个输入 |
| X/Y | 32 | — | AU 的两个输出 |
| CFG_0 | 1 | 0 | 输入数据 A 选择配置<br>0：A^T<br>1：A |
| CFG_1 | 1 | 1 | 进位/非进位加法器模式选择配置<br>0：非进位模式<br>1：进位模式，T 为进位输入，Y' 为进位输出 |
| CFG_2 | 2 | 3：2 | 加法模式选择<br>0：8bit 模式，分成四个 8bit 加法器操作<br>1：16bit 模式，分成两个 16bit 加法器操作<br>2：32bit 模式，对 A、B 直接进行计算<br>3：模 2^31-1 模式，取 A、B 的低 31 位进行加法计算，计算结束再做模运算 |
| CFG_3 | 3 | 6：4 | 输出数据 LBC 配置 |
| CFG_4 | 1 | 7 | 输出数据 X 选择<br>0：加法器输出直接输出<br>1：加法器输出和 T 做 LBC 操作后输出 |

4. SU 算子

SU 算子的结构图如图 4-4 所示。

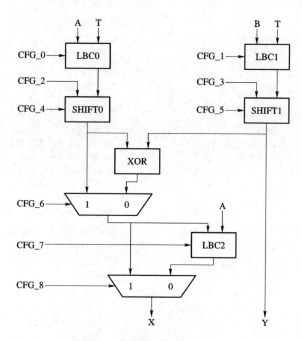

图 4-4 移位算子结构图

SU 特性：
- 支持移位操作数为 A 或者 B 或者同时移位
  - A 和 B 的移位位数互不影响。
- 支持左移，逻辑右移，算术右移及循环左移
  - 移位数据位宽为 32 位。
- 支持移位位数为 0~31 的固定值
- 支持 A 与 T 做 LBC 运算，支持 B 与 T 做 LBC 运算
- 支持 X 输出数据的三种取值模式
  - SHIFT0 的输出数据；
  - SHIFT0 和 SHIFT1 输出数据再进行异或计算；
  - X 在输出之前与 A 再次做 LBC 运算。
- 支持 SHIFT1 数据输出到 Y

图 4-4 中符号名称的具体说明见表 4-2。

表 4-2 SU 算子符号说明

| 名 称 | 位宽/bit | 配置码位置 | 说　　明 |
| --- | --- | --- | --- |
| A/B/T | 32 | — | SU 的三个输入 |
| X/Y | 32 | — | SU 的两个输出 |
| CFG_0 | 3 | 2：0 | LBC0 功能配置 |
| CFG_1 | 3 | 5：3 | LBC1 功能配置 |
| CFG_2 | 2 | 7：6 | SHIFT0 移位模式配置<br>0：逻辑右移<br>1：算术右移<br>2：逻辑左移，算术左移<br>3：循环左移 |
| CFG_3 | 2 | 9：8 | SHIFT1 移位模式配置<br>0：逻辑右移<br>1：算术右移<br>2：逻辑左移，算术左移<br>3：循环左移 |
| CFG_4 | 5 | 16：12 | SHIFT0 配置码移位次数 |
| CFG_5 | 5 | 21：17 | SHIFT1 配置码移位次数 |
| CFG_6 | 1 | 22 | 移位后数据异或配置<br>0：异或<br>1：不异或 |
| CFG_7 | 3 | 25：23 | LBC2 功能配置 |
| CFG_8 | 1 | 26 | 输出数据选择<br>0：与 A 做 LBC 操作后输出<br>1：直接输出 |

5. CU 算子

CU 算子的结构图如图 4-5 所示。

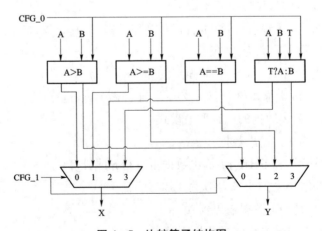

图 4-5　比较算子结构图

CU 特性：
- 支持 1bit、4bit、8bit、16bit 及 32bit 模式
  - 根据模式将输入数据分为不同的分组，分组之间互不影响。如 16bit 模式下，分为低 16bit 和高 16bit 两个分组独立计算；
  - 分组输出仅 1bit 有效时，输出有效位分别为对应分组的最低 bit 位，如 8bit 模式下，输出有效位为 bit0、bit8、bit16 及 bit24。
- 支持大于、大于等于、等于比较；
  - Y 输出为 X 输出取反，取 Y 的输出分别对应的逻辑为小于等于、小于、不等于比较。
- 支持 mux 操作
  - T 作为选择信号，选择 A 输出或者 B 输出；
  - Y 输出为扩展后的选择信号。

图 4-5 中符号名称的具体说明见表 4-3。

表 4-3  CU 算子符号说明

| 名称 | 位宽/bit | 配置码位置 | 说　　明 |
| --- | --- | --- | --- |
| A/B/T | 32 | — | CU 的三个输入 |
| X/Y | 32 | — | CU 的两个输出 |
| CFG_0 | 3 | 2:0 | 数据处理位宽配置<br>0：1bit 模式，所有子模块将输入数据拆分为 32 份，单独处理<br>1：4bit 模式，所有子模块将输入数据拆分为 8 份，单独处理<br>2：8bit 模式，所有子模块将输入数据拆分为 4 份，单独处理<br>3：16bit 模式，所有子模块将输入数据拆分为 2 份，单独处理<br>4：32bit 模式，所有子模块输入数据保持 32bit，处理一次 |
| CFG_1 | 3 | 5:3 | 配置码及对应的操作，X、Y 为单比特数据<br>0：X＝A＞B；Y＝！X<br>1：X＝A＞＝B；Y＝！X<br>2：X＝A＝＝B；Y＝！X<br>3：X＝T？A：B；Y＝T |

6. 算子分析

逻辑算子(LU)、加法算子(AU)、移位算子(SU)以及比较算子(CU)均为三输入两输出的算子，属于多输出指令范畴。

CU 算子支持的值选择模式"X＝T？A：B"可对应于 if-else 编程模式，可

通过操作变换将块际指令及相关指令转换为 CU 算子的值选择操作，从而支持对块际指令的处理。

另外，我们可通过提供一个 FOR 算子来支持对循环控制的处理。FOR 算子的结构图如图 4-6a 所示，拥有三个输入、两个输出和一个循环控制信号，start、end 和 step 分别指定循环控制参数的起始值、终点值和步长，out1 输出控制参数值、out2 为结束输出，signal 使能控制参数的改变。图 4-6b 给出一个使用 FOR 算子控制两数组求和的示例，完成 A[i] = A[i] + B[i] 的循环运算，其中 load1 为 A[i]，load2 为 B[i]。

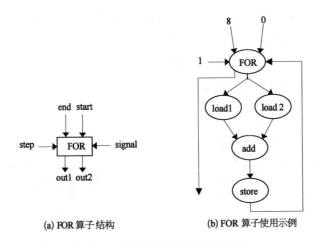

(a) FOR 算子结构　　(b) FOR 算子使用示例

图 4-6　FOR 算子结构及使用示例

在此仅给出对循环控制处理的简单介绍，为对算子恢复技术进行简洁论述，本书后续章节将不再涉及 FOR 算子。

### 4.3.2　通用算子恢复系统的输入

如图 4-1 所示，软件定义芯片通用算子恢复系统的输入分为四大类：① 待处理的原始 DFG 图；② 算子基本模板库；③ 算子聚合模板库；④ 图匹配优先级序列。

**1. 原始 DFG 图**

使用 clang 等通用编译器，参照 2.2.2 节对用户程序进行处理编译，生成原始 DFG 图，一个循环体对应一个 DFG 图。示例如下，程序源代码见图 4-7，对应的输入通用算子恢复系统的原始 DFG 图见图 4-8。

```c
unsigned int mem[1024] = {
    0x00000000,0x00000000,0x00000000,0x00000000,
    ……
    0x00000000,0x00000000,0x00000000,0x00000000}
#define LU_000(a,b) (a)
#define LU_001(a,b) (~a)
#define LU_010(a,b) (a^b)
#define LU_011(a,b) (a&b)
#define LU_100(a,b) (a|b)
#define LU_101(a,b) (~a^b)
#define LU_110(a,b) (~a&b)
#define LU_111(a,b) (~a|b)
void logical(int *infifo)
{
    int i;
    int A, B, T;
    for (i=0; i<9; i=i+3)
    {
    //DFGLoop:loop0
            A = infifo[i];
            B = infifo[i+1];
            T = infifo[i+2];

            int tmp1 = LU_010(A,B);
            int tmp2 = LU_011(T,A);
            int tmp3 = LU_100(B,T);
            int tmp4 = tmp1 ^ tmp2;
            tmp4 = tmp4 | tmp3;
            mem[i] = tmp4;
    }
}
```

图 4-7　示例代码一

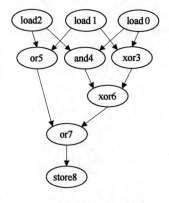

图 4-8　示例代码一对应的原始 DFG 图

## 2. 算子基本模板库

为达成通用芯片算子恢复的目的,图 4-1 直接给出了面向软件定义芯片的通用算子恢复系统的框架图,并描述系统包含的算子基本模板库、算子聚合模板库和图匹配优先级序列等模块。为何如此设计?4.3 节的开篇部分没有给出系统的说明,在此基于 4.3.1 的第 2 小节给出的逻辑算子 LU 进行具体的阐述。

### 1) 算子匹配模板分析

LU 算子采用三层叠形结构,支持常见的三输入逻辑表达式,单输入在表达式中出现次数不超过 2 次,算子结构图见图 4-2。本小节依次对单级、二级和三级 LU 算子匹配模板进行分析。

### (1) 单级 LU 算子匹配模板

LU 算子由三层 6 个 LBC 部件构成,参照 4.3.1 的第 1 小节,可知 LBC 支持 8 种可配置的实现功能,考虑到配置码 0 指定的 LBC 功能 A 基本无用,此处假设 LBC 部件支持的可配置功能为 7 种,即 1 指定 LBC 功能为~A、2 指定功能 A^B、3 指定功能 A&B、4 指定功能 A|B、5 指定功能~A^B、6 指定功能~A&B、7 指定功能~A|B。因此单级 LU 算子匹配模板为 7 种,设 $N_{LU-级} = 7$,如图 4-9 所示。

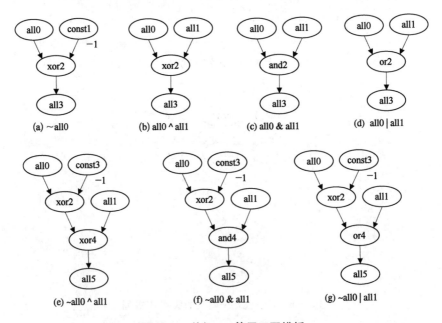

图 4-9 单级 LU 算子匹配模板

为方便后续章节的叙述,设定 LU001 指代功能～A、LU010 指代功能 A^B、LU011 指代功能 A&B、LU100 指代功能 A|B、LU101 指代功能～A^B、LU110 指代功能～A&B、LU111 指代功能～A|B。

(2) 二级 LU 算子匹配模板

二级 LU 算子的逻辑表达式形如(A&B)^T 或(A&B)^(B|T)等。最简单的一组二级 LU 算子模板如图 4-10 所示。

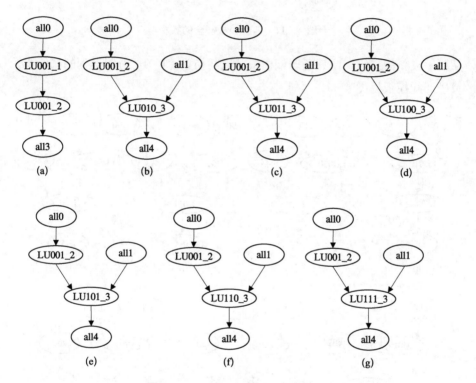

图 4-10 二级 LU 算子匹配模板一

针对图 4-10 给出的 7 个二级 LU 算子匹配模板,需说明的是:其中的 b、c、d 三个模板实质上等价于对应图 4-9 中的 e、f、g 匹配模板,之所以将其归为二级 LU 算子匹配模板,纯粹是为了便于对匹配模板的数量级别做定性分析。另外,模板中结点的入边没有指定先后顺序,因此匹配模板隐含了其沿 Y 轴翻转生成的模板,例如图 4-10 中模板 g 包含了图 4-11 给出的两个模板。

针对图 4-10 给出的 7 个二级 LU 算子匹配模板,每个模板中上部的 LU001 结点可分别替换为 LU010、LU011、LU100、LU101、LU110 或 LU111,

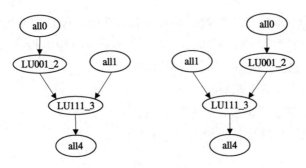

图 4-11 匹配模板隐含的模板

从而生成新的二级 LU 算子匹配模板。以替换为 LU010 为例得到的二级 LU 算子匹配模板见图 4-12。

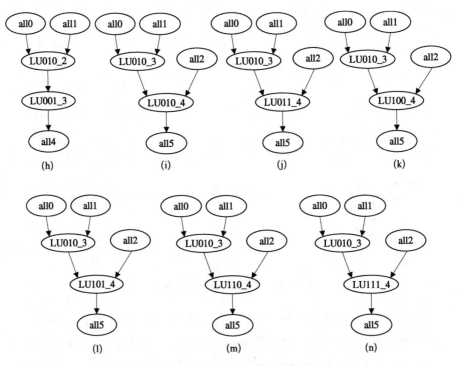

图 4-12 二级 LU 算子匹配模板二

图 4-12 列出的 7 个二级 LU 算子匹配模板,除模板 h 外其他 6 个模板可对其进行扩展生成新的二级 LU 算子匹配模板。例如针对模板 i 进行扩展可生成 7 种新的二级 LU 算子匹配模板,结果见图 4-13。同理针对模板 j、k、l、m、n 可分别扩展生成 7 种新的二级 LU 算子匹配模板。

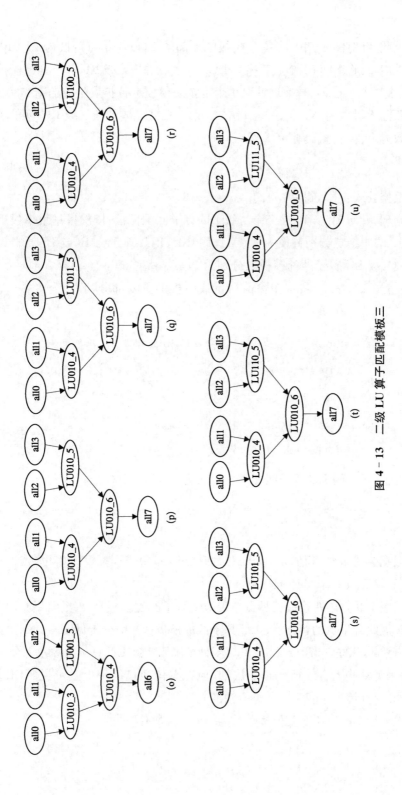

图 4-13 二级 LU 算子匹配模板三

至此，针对图 4-10，将每个模板中上部的 LU001 结点替换为 LU010 并进行扩展，设将 LU001 结点替换为 LU010 生成的新二级 LU 算子匹配模板数为 $N_{replace}$（图 4-12），替换后针对单个可扩展模板进行扩展生成的新二级 LU 算子匹配模板数为 $N_{expansion\_LU010}$（图 4-13），总共生成的新二级 LU 算子匹配模板数为 $N_{LU001\_LU010}$，则有

$$N_{LU001\_LU010} = N_{replace} + 6 \times N_{expansion LU010} \qquad (4-1)$$

根据公式 4-1，得 $N_{LU001\_LU010} = 7 + 6 * 7 = 49$。

同理，针对图 4-10 中 7 个二级 LU 算子匹配模板，依次将每个模板中上部的 LU001 结点分别替换为 LU011、LU100、LU101、LU110 或 LU111，设新生成的二级 LU 算子匹配模板数分别为 $N_{LU001\_LU011}$、$N_{LU001\_LU100}$、$N_{LU001\_LU101}$、$N_{LU001\_LU110}$、$N_{LU001\_LU111}$，扣除前后生成模板的重复部分，套用公式 4-1 计算得

$$N_{LU001\_LU011} = N_{replace} + 6 \times N_{expansion LU011} = 7 + 6 \times 6 = 43$$

$$N_{LU001\_LU100} = N_{replace} + 6 \times N_{expansion LU100} = 7 + 6 \times 5 = 37$$

$$N_{LU001\_LU101} = N_{replace} + 6 \times N_{expansion LU101} = 7 + 6 \times 4 = 31$$

$$N_{LU001\_LU110} = N_{replace} + 6 \times N_{expansion LU110} = 7 + 6 \times 3 = 25$$

$$N_{LU001\_LU111} = N_{replace} + 6 \times N_{expansion LU111} = 7 + 6 \times 2 = 19$$

综上，设二级 LU 算子匹配模板总数为 $N_{LU二级}$，则有

$$\begin{aligned}N_{LU二级} =& 7 + N_{LU001\_LU010} + N_{LU001\_LU011} + N_{LU001\_LU100} + N_{LU001\_LU101} \\ & + N_{LU001\_LU110} + N_{LU001\_LU111}\end{aligned} \qquad (4-2)$$

根据公式 4-2，得 $N_{LU二级} = 211$，即二级 LU 算子匹配模板总共有 211 个。

(3) 三级 LU 算子匹配模板

三级 LU 算子匹配模板是由二级 LU 算子匹配模板和一级 LU 算子匹配模板扩展组合生成的，对三级 LU 算子匹配模板做量级分析见图 4-14。

需要说明的是，图 4-14 中的第 4 种情况跟实际 LU 算子在数量上会有些出入，因为某些组合的情况是非法的，但在总体数量级别上是可说明问题的（假设 211 种情况中有 100 种是合法的）。

设三级 LU 算子匹配模板总数为 $N_{LU三级}$，则有

$$N_{LU三级} = 211 + 211 \times 3 + 211 \times 3 \times 7 + 211 \times 3 \times 100 = 68\ 575$$

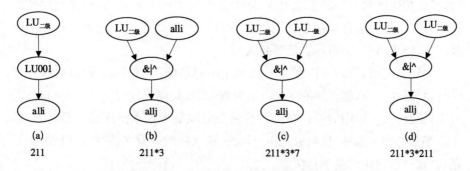

图 4‑14　三级 LU 算子匹配模板分析图

(4) 总结

按前三小节阐述的匹配模板生成方式,针对采用三层叠形结构的 LU 算子进行算子恢复共需要 $N_{LU-级} + N_{LU二级} + N_{LU三级} = 7 + 211 + 68\,575 = 68\,793$ 种匹配模板。

从通用高级语言程序仅仅恢复 4.3.1 的第 2 小节介绍的 LU 算子就需要 7 万左右的图匹配模板,先不考虑匹配模板的生成工作是否可行,基于 7 万模板规模的模板库进行图匹配将非常耗时(整个图匹配过程的匹配性能将是现实中无法忍受的),对软件定义芯片的编译器来说将是场可怕的噩梦。

2) 可行算子匹配模板方案

由 4.3.2 的第 2 小节给出的算子匹配模板分析可知,不加优化考虑而使用图匹配技术进行算子恢复在现实中是不可行的。

为了最大限度地降低算子匹配模板的总数量,并提高算子恢复系统的性能,需要寻找一种全新的算子匹配模板构建策略。可借鉴混凝土预制件思想进行算子匹配模板的设计与构建。

混凝土预制件[1](Precast Concrete,PC)是指在工厂中通过标准化、机械化方式加工生产的混凝土制品。与之相对应的传统现浇混凝土需要工地现场制模、现场浇注和现场养护。混凝土预制件被广泛应用于建筑、交通、水利等领域,在国民经济中扮演重要的角色。

与现浇混凝土相比,工厂化生产的混凝土预制件有诸多优势:① 安全,对于建筑工人来说,工厂中相对稳定的工作环境比复杂的工地作业安全系数更高;② 质量,建筑构件的质量和工艺通过机械化生产能得到更好的控制;③ 速度,预制件尺寸及特性的标准化能显著加快安装速度和建筑工程进度;④ 成本,与传统现场制模相比,工厂里的模具可以重复循环使用,综合成本更低,同时，机械化生产对人工的需求更少，随着人工成本的不断升高，规模化生产的预制件成本优势会愈加明显；⑤ 环境，采用预制件的建筑工地现场作业量明显减少，粉尘污染、噪声污染显著降低。

在建筑应用领域，现浇混凝土技术使用的基础原材料是：砖、沙、水泥和钢材，材料粒度小，相互间的组合方案为数众多，其建造过程复杂且耗时长；混凝土预制件技术使用的原材料除了少量现浇混凝土技术使用的原材料外，基本上都是各种预制件，材料粒度相对较大，相互间组合方案的数量受到严格限制，其建造过程相对简单且快速。

对比软件编译与建筑建造可发现：软件的基本操作如加、减、乘、除、非、与、或、异或及比较等可被当作砖、沙、水泥和钢材等建筑材料。如何高效地从软件基本操作集中恢复软件定义芯片支持的算子操作？我们需要设计好软件定义芯片对应的软件预制件，并制定软件预制件间的高效组合策略，最终达成高效使用软件定义芯片的目的。

可以这么说，本书提出的算子基本模板即软件定义芯片对应的软件预制件、算子聚合模板即软件预制件间的高效组合策略。算子基本模板集合组成算子恢复系统使用的算子基本模板库，算子聚合模板集合组成算子恢复系统使用的算子聚合模板库。

基于算子基本模板库和算子聚合模板库多层次调用图匹配过程，为算子恢复提供必要的素材。如图 4-1 所示：首先，基于基本模板库对原始 DFG 图进行图匹配，生成基本算子 DFG 图；然后，基于算子聚合模板库对基本算子 DFG 图再次实施图匹配操作，生成算子集合 $S_{vg}$。

基于多库采用多层次实施图匹配进行算子恢复的恢复策略，可以极大地减少算子匹配模板总数，进而大大提高算子恢复系统的性能，使得基于图匹配进行算子恢复实际可行，具体分析参见 4.3.2 的第 4 小节。

3）可行算子基本模板库

算子基本模板库用于存储算子基础形态对应的 DFG 图模板。一种芯片通常包含多个算子，分为简单算子和复杂算子。为降低算子恢复的复杂程度，将所选择的复杂算子抽象地表示为多个简单算子的组合，简单算子为算子基础形态。

为便于阐述起见，本章的后续部分都仅针对 LU 算子进行论述，关于其他算子的详细介绍参见第五章。

将 LBC 部件支持的逻辑运算作为算子基础形态，算子基本模板库包含的

LU 算子基本模板如图 4-15 所示，从 a 至 g 的图模板依次命名为 LU001、LU010、LU011、LU100、LU101、LU110、LU111。

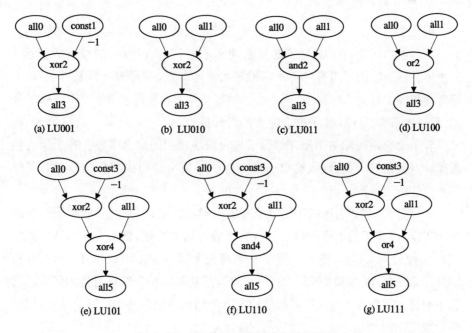

图 4-15 LU 算子对应的算子基本模板

针对 LU 算子，基于基本模板库对原始 DFG 图进行图匹配生成基本算子 DFG 图的过程中，仅需对图 4-15 给出的 7 种简单模板进行图匹配操作，匹配耗时微乎其微。

3. 图匹配优先级序列

图匹配优先级序列规定了算子基本模板库中算子模板在图匹配过程中匹配的先后顺序。算子模板匹配的优先级是出于提升算子恢复后的程序性能而设定的，优先级高的算子模板先匹配使用，而优先级低的算子模板后匹配使用，因为优先级高的算子基本模板可由几个优先级低的算子基本模板构成（如果单以算子数量多少作为评价指标），则最终算子的总数量会更少，程序的性能会更优。

针对 LU 算子的图匹配优先级序列如图 4-16 所示。优先级数字越小，对应模板的优先级越高，图匹配时优先

| | |
|---|---|
| LU101 | 0 |
| LU110 | 1 |
| LU111 | 2 |
| LU001 | 3 |
| LU010 | 4 |
| LU011 | 5 |
| LU100 | 6 |

图 4-16
LU 算子基本模板图
匹配优先级序列

对其进行匹配。

4. 算子聚合模板库

由 4.3.2 的第 2 小节针对 LU 算子匹配模板的分析总结可知,不加优化地使用图匹配技术进行 LU 算子恢复是现实不可行的,因需要的模板数量达 7 万之多。该节给出了可行的算子匹配模板设计方案:算子基本模板库＋算子聚合模板库。针对 LU 算子,该节给出的算子基本模板库包含 7 个 LU 算子基本模板,本节介绍 LU 算子聚合模板的设计过程。

算子聚合模板库被用于存储算子聚合模块使用的聚合模板。算子聚合模板库针对复杂算子而存在,给出由基本算子模板组合而成的合法复杂算子的所有可能的聚合图模板。

为满足图 4-2 描述的逻辑算子三层叠形功能结构,同时降低算子聚合的复杂程度,以算子基本模板输入结点的个数为抽象准则,将 LU 算子基本模板 LU001 抽象为 LU_1,将 LU 算子基本模板 LU010、LU011、LU100、LU101、LU110 和 LU111 抽象为 LU_2。算子聚合模块获取每个结点对应的诸多可选算子聚合方案集合 $S_{vg}$ 后,需将抽象的算子结点还原为初始的算子结点,以保证后续工作顺利进行。

LU 算子基本模板经过抽象提升后,使用 LU_1 和 LU_2 覆盖逻辑算子的三层叠形功能结构,共生成 63 个 LU 算子聚合模板,部分聚合模板展示见图 4-17,详细的聚合模板介绍参见 5.4 节的内容。

至此,针对 LU 算子使用 70 个算子匹配模板(7 个算子基本模板＋63 个算子聚合模板)即可基于图匹配技术完成对 LU 算子恢复的前期工作。

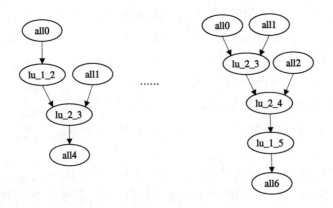

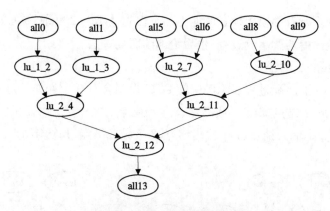

图 4-17　LU 算子聚合模板示例

对比 4.3.2 的第 2 小节使用的 7 万级别 LU 算子匹配模板库，仅使用 70 个算子匹配模板进行 LU 算子恢复工作的设计方案有了质的飞升，模板数量以指数级锐减，极大地提升了算子恢复系统的整体性能，具体分析在 4.3.7 节中。

### 4.3.3　算子基本模板图匹配

本节将根据图匹配定义（参 3.1.5 的第 2 小节）研制图匹配算法，并基于图匹配技术构建图匹配功能模块。

图匹配模块根据图匹配优先级序列，使用算子基本模板库，对原始 DFG 图实施图匹配操作，并生成基本算子 DFG 图。

针对每个算子模板，图匹配模块的概略工作流程如下，图匹配模块遍历处理 DFG 图中的每个结点，如果匹配成功，则根据匹配的结果调整 DFG 图，并转入对下一个结点的处理；如果匹配失败，则直接进行下一个结点的处理。对 DFG 图中某结点 $v$ 使用算子基本模板 $M1$ 的匹配过程为：① 获取算子基本模板 $M1$ 的输入结点集合 $S_v$；② 遍历集合 $S_v$ 中的结点，与结点 $v$ 配对为起始点而进行图匹配，如匹配不成功则结束对结点 $v$ 的图匹配过程，否则执行第三步；③ 根据匹配结果进行算子恢复。

下面详细介绍图匹配模块使用的匹配算法、基本算子恢复算法及总控算法。各算法间的调用关系见图 4-19。

1. 图匹配算法

图匹配算法完成模板图与"母图的子图"之间的匹配任务，即图匹配算法需要具有处理所有图模板样式的能力。下面先基于一个复杂的模板图和 DFG 图介绍模板图的匹配示例过程，稍后给出图匹配算法。

1) 图匹配示例

图 4-18 图匹配过程展示例中的 DFG 母图含有 9 个操作结点：3 个 load 结点、1 个 store 结点、2 个异或结点、2 个或结点、1 个与结点；模板图含有 7 个操作结点：3 个输入结点、1 个输出结点、2 个异或结点、1 个与结点。

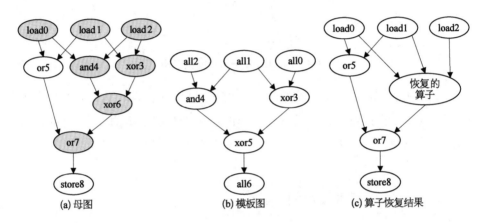

图 4-18 图匹配过程展示例

假设母图和模板图中的结点都是按序号从小到大依次存储的，且访问时也是按序号从小到大依次读取并操作的。为便于描述图匹配的过程，对图 4-18 中母图的结点和模板图中的结点分别重命名如下。母图结点：load0→B_load0，load1→B_load1，load2→B_load2，xor3→B_xor3，and4→B_and4，or5→B_or5，xor6→B_xor6，or7→B_or7，store8→B_store8。模板图结点：all0→P_all0，all1→P_all1，all2→P_all2，xor3→P_xor3，and4→P_and4，xor5→P_xor5，all6→P_all6。

图 4-18 中模板图匹配母图的步骤如下：

① 取 P_all0 结点匹配 B_load0，两者匹配；

② 取 P_all0 结点的子结点集合 $S_{PC}=\{P\_xor3\}$，取 B_load0 结点的子结点集合 $S_{BC}=\{B\_and4, B\_or5\}$；

③ 首先取 $S_{PC}$ 中的结点 P_xor3 与 $S_{BC}$ 中的结点 B_and4 进行匹配，两者不匹配；再取 $S_{BC}$ 中的结点 B_or5 与 P_xor3 进行匹配，两者不匹配，且此时 $S_{PC}$ 和 $S_{BC}$ 中没有新结点可进行匹配，因此以 P_all0 和 B_load0 为入口结点的

配对匹配失败；

④ 取 P_all0 结点匹配 B_load1，两者匹配；

⑤ 取 P_all0 结点的子结点集合 $S_{PC}=\{P\_xor3\}$，取 B_load1 结点的子结点集合 $S_{BC}=\{B\_xor3, B\_or5\}$；

⑥ 首先取 $S_{PC}$ 中的结点 P_xor3 与 $S_{BC}$ 中的结点 B_xor3 进行匹配，两者匹配；

⑦ 取 P_xor3 的父结点集合 $S_{PP}=\{P\_all0, P\_all1\}$，取 B_xor3 的父结点集合 $S_{BP}=\{B\_load1, B\_load2\}$；

⑧ 因 $S_{PP}$ 和 $S_{BP}$ 中的结点 P_all0 和 B_load1 都在本轮匹配中被操作过，取 P_all1 和 B_load2 进行匹配，两者匹配，且两者都没有父结点，因此结束向上的匹配；

⑨ 取 P_xor3 的子结点集合 $S_{PC}=\{P\_xor5\}$，取 B_xor3 的子结点集合 $S_{BC}=\{B\_xor6\}$；

⑩ 取 $S_{PC}$ 中的结点 P_xor5 与 $S_{BC}$ 中的结点 B_xor6 进行匹配，两者匹配；

⑪ 取 P_xor5 的父结点集合 $S_{PP1}=\{P\_xor3, P\_and4\}$，取 B_xor6 的父结点集合 $S_{BP1}=\{B\_xor3, B\_and4\}$；

⑫ 因 $S_{PP1}$ 和 $S_{BP1}$ 中的结点 P_xor3 和 B_xor3 都在本轮匹配中被操作过，取 P_and4 和 B_and4 进行匹配，两者匹配；

⑬ 取 P_and4 的父结点集合 $S_{PP2}=\{P\_all1, P\_all2\}$，取 B_and4 的父结点集合 $S_{BP2}=\{B\_load0, B\_load2\}$；

⑭ 虽然 $S_{PP2}$ 和 $S_{BP2}$ 中的结点 P_all1 和 B_load2 都在本轮匹配中被操作过，但 P_and4 与 P_all1 结点间的边没有被操作过，同样 B_and4 与 B_load2 结点间的边也没有被操作过，取 P_all1 和 B_load0 进行匹配，两者匹配，因两者都没有父结点，而 $S_{PP2}$ 和 $S_{BP2}$ 中还有未遍历的结点，继续处理 $S_{PP2}$ 和 $S_{BP2}$ 中未遍历的结点；

⑮ 取 P_all2 和 B_load0 进行匹配，因 B_load0 已匹配，改为 P_all2 和 B_load2 进行匹配，两者匹配，因两者都没有父结点且 $S_{PP2}$ 和 $S_{BP2}$ 中没有未遍历的结点，结束向上的匹配；

⑯ 取 P_xor5 的子结点集合 $S_{PC}=\{P\_all6\}$，取 B_xor6 的子结点集合 $S_{BC}=\{B\_or7\}$；

⑰ 取 $S_{PC}$ 中的结点 P_all6 与 $S_{BC}$ 中的结点 B_or7 进行匹配，两者匹配，且

模板图中的所有结点都匹配成功，至此，图 4-18 中的模板图与 DFG 母图匹配成功，母图中的匹配结点集合为 { B_load0,B_load1,B_load2,B_xor3,B_and4,B_xor6,B_or7}，即结点集合{ load0,load1,load2,xor3,and4,xor6,or7}。

如果遍历匹配完所有结点的配对，仍未匹配成功，则说明匹配模板在母图中不存在对应的子图与之相匹配，这时更换下一个模板继续进行图匹配。

2) 图匹配算法阐述

下面给出图匹配算法 Graph_matching 及相关的辅助算法 Node_matching、Node_matching_up、Basic_operator_recovery。Graph_matching 是图匹配的主算法，是算子基本模板图与 DFG 母图匹配的真正入口点；Node_matching 是结点局部匹配算法，负责对当前结点进行向上和向下的匹配及调度操作；Node_matching_up 是针对结点进行向上匹配的匹配算法；Basic_operator_recovery 是匹配成功后的基本算子恢复算法，使用算子基本模板图匹配得到的母图匹配结点集合 $B\_done\_node\_edge$（例如上节第 17 步中得到的结点集合）进行基本算子的恢复，算子恢复结果见图 4-18c。

(1) 图匹配算法 Graph_matching

**算法 1.** 图匹配算法 Graph_matching
**输入**：待匹配 DFG 图 $G=(V(G),E(G))$，算子基本模板图 $H=(V(H),E(H))$
**输出**：基本算子 DFG 图
1. 获取模板图 $H$ 的输入结点集合 $S_V$
2. $Repeat\_flag$ = true
3. WHILE $Repeat\_flag$
4.    $Repeat\_flag$ = false
5.    $Match\_flag$ = false
6.    集合 $B\_done\_node\_edge$ 记录 $G$ 的哪些结点及结点的出边被操作过
7.    集合 $P\_done\_node\_edge$ 记录 $H$ 的哪些结点及结点的出边被操作过
8.    $P\_size = |V(H)|$
9.    FOR ALL $v_B \in V(G)$
10.      FOR ALL $v_P \in S_V$
11.        $Base\_node = v_B$
12.        Node_matching($Base\_node$, $Base\_node$, $v_P$, $Match\_flag$, $B\_done\_node\_edge$, $P\_done\_node\_edge$, $P\_size$)
13.        IF !$Match\_flag$
14.           调整集合 $B\_done\_node\_edge$ 和 $P\_done\_node\_edge$ 的值
15.        END IF
16.        IF $Match\_flag$

```
17.        BREAK
18.      END IF
19.    END FOR
20.    IF Match_flag
21.      Repeat_flag = true
22.      Basic_operator_recovery(B_done_node_edge,H)
23.      BREAK
24.    END IF
25.  END FOR
26. END WHILE
```

图匹配算法 Graph_matching 接受两个输入：其一是待匹配的母图 $G = (V(G), E(G))$；另一个是匹配使用的模板图 $H = (V(H), E(H))$。输出为基本算子 DFG 图。

算法 Graph_matching 遍历寻找模板图 $H$ 中的输入结点，与母图结点结对匹配，匹配过程中使用 B_done_node_edge 和 P_done_node_edge 分别记录 $G$ 和 $H$ 中的哪些节点和边被处理过了，后期将不再进行处理。Node_matching 对配对节点进行实质性的结点匹配处理。Node_matching 匹配不成功时，根据具体情况重置结点匹配信息 B_done_node_edge 和 P_done_node_edge。Node_matching 匹配不成功时，使用算法 Basic_operator_recovery 函数根据匹配成功的信息对图 $G$ 进行基本算子恢复调整。

（2）结点匹配算法 Node_matching

**算法 2.** 结点匹配算法 Node_matching
**输入**：母图入口结点 B_entry_node，母图当前结点 B_current_node，模板图当前结点 P_current_node，匹配成功标记 Match_flag，母图匹配成功的记录集合 B_done_node_edge，模板图匹配成功的记录集合 P_done_node_edge，模板图的结点数 P_size
**输出**：匹配成功标记 Match_flag，母图匹配成功的记录集合 B_done_node_edge
1. IF B_current_node = = B_entry_node
2.   获取 B_current_node 结点的子结点集合 $S_{BC}$，获取 P_current_node 结点的子结点集合 $S_{PC}$
3.   FOR ALL $v_P \in S_{PC}$
4.     FOR ALL $v_B \in S_{BC}$
5.       去除 B_done_node_edge 中与 B_current_node 有关的信息
6.       IF $v_P$ 与 $v_B$ 匹配
7.         使用 $v_P$ 与 $v_B$ 更新 B_done_node_edge 和 P_done_node_edge 集合

8.         Node_matching($Base\_node$, $v_B$, $v_P$, $Match\_flag$, $B\_done\_node\_edge$, $P\_done\_node\_edge$, $P\_size$)
9.         IF size($B\_done\_node\_edge$) == $P\_size$
10.           $Match\_flag$ = true
11.           RETURN
12.         END IF
13.         IF !$Match\_flag$
14.           调整集合 $B\_done\_node\_edge$ 和 $P\_done\_node\_edge$ 的值
15.         END IF
16.       END IF
17.     END FOR
18.   END FOR
19. ELSE
20.   获取 $B\_current\_node$ 结点的父结点集合 $S_{BP}$，获取 $P\_current\_node$ 结点的父结点集合 $S_{PP}$
21.   $Continue\_flag$ = true
22.   FOR ALL   $v_P \in S_{PP}$
23.     IF $v_P$ 及其边($v_P$, $P\_current\_node$)存在于 $P\_done\_node\_edge$ 中
24.       CONTINUE
25.     END IF
26.     FOR ALL   $v_B \in S_{BP}$
27.       IF $v_B$ 及其边($v_B$, $B\_current\_node$)存在于 $B\_done\_node\_edge$ 中
28.         CONTINUE
29.       END IF
30.       IF $v_P$ 与 $v_B$ 匹配
31.         使用 $v_P$ 与 $v_B$ 更新 $B\_done\_node\_edge$ 和 $P\_done\_node\_edge$ 集合
32.         Node_matching_up($v_B$, $v_P$, $Continue\_flag$, $B\_done\_node\_edge$, $P\_done\_node\_edge$)
33.         IF $Continue\_flag$
34.           获取 $B\_current\_node$ 结点的子结点集合 $S_{BC}$，获取 $P\_current\_node$ 结点的子结点集合 $S_{PC}$
35.           FOR ALL   $v_P \in S_{PC}$
36.             FOR ALL   $v_B \in S_{BC}$
37.               IF $v_P$ 与 $v_B$ 匹配
38.                 使用 $v_P$ 与 $v_B$ 更新 $B\_done\_node\_edge$ 和 $P\_done\_node\_edge$ 集合
39.                 IF size($B\_done\_node\_edge$) != $P\_size$
40.                   Node_matching($Base\_node$, $v_B$, $v_P$, $Match\_flag$, $B\_done\_node\_edge$, $P\_done\_node\_edge$, $P\_size$)
41.                 END IF

```
42.                IF size(B_done_node_edge) = = P_size
43.                    Match_flag = true
44.                    RETURN
45.                END IF
46.            END FOR
47.        END FOR
48.    END IF
49.    END IF
50.  END FOR
51. END FOR
52.END IF
```

结点匹配算法 Node_matching 接受七个输入：① $B\_entry\_node$ 为母图 $G$ 中的匹配入口结点；② $B\_current\_node$ 为母图 $G$ 中的当前结点；③ $P\_current\_node$ 为模板图 $H$ 的当前结点；④ 匹配成功与否的标记变量 $Match\_flag$；⑤ 记录在母图 $G$ 中匹配到的节点和边的集合 $B\_done\_node\_edge$；⑥ 模板图 $H$ 匹配成功的记录集合 $P\_done\_node\_edge$；⑦ 模板图的结点数 $P\_size$。算法输出为 $Match\_flag$ 和 $B\_done\_node\_edge$。

算法 Node_matching 根据母图的 $B\_current\_node$ 结点与 $B\_entry\_node$ 匹配入口结点的关系，分情况进行匹配处理：① 当 $B\_current\_node$ 是 $B\_entry\_node$ 结点时，仅处理 $B\_current\_node$ 的所有子结点；② 当 $B\_current\_node$ 不是 $B\_entry\_node$ 结点时，需先处理 $B\_current\_node$ 的所有父结点，再根据具体情况选择是否处理 $B\_current\_node$ 的所有子结点。

如果匹配节点数达到了模板图的总节点数 $P\_size$，则匹配成功；否则递归调用结点匹配算法 Node_matching；当没有匹配成功时，调整集合 $B\_done\_node\_edge$ 和 $P\_done\_node\_edge$ 的值。

（3）结点向上匹配算法 Node_matching_up

**算法 3.** 结点向上匹配算法 Node_matching_up
**输入**：母图当前结点 $B\_current\_node$，模板图当前结点 $P\_current\_node$，匹配继续标记 $Continue\_flag$，母图匹配成功的记录集合 $B\_done\_node\_edge$，模板图匹配成功的记录集合 $P\_done\_node\_edge$
**输出**：母图匹配成功的记录集合 $B\_done\_node\_edge$，匹配继续标记 $Continue\_flag$
1. 获取 $B\_current\_node$ 结点的父结点集合 $S_{BP}$，获取 $P\_current\_node$ 结点的父结点集合 $S_{PP}$

```
2. FOR ALL  v_P ∈ S_PP
3.     IF v_P 及其边(v_P, P_current_node)存在于 P_done_node_edge 中
4.         CONTINUE
5.     END IF
6.     Not_match_flag = false
7.     FOR ALL  v_B ∈ S_BP
8.         IF v_B 及其边(v_B, B_current_node)存在于 B_done_node_edge 中
9.             CONTINUE
10.        END IF
11.        IF v_P 与 v_B 匹配
12.            使用 v_P 与 v_B 更新 B_done_node_edge 和 P_done_node_edge 集合
13.            Node_matching_up(v_B, v_P, Continue_flag, B_done_node_edge, P_done_node_edge)
14.            Not_match_flag = false
15.            BREAK
16.        ELSE
17.            Not_match_flag = ture
18.        END IF
19.    END FOR
20.    IF Not_match_flag
21.        Continue_flag = false
22.    END IF
23. END FOR
```

结点向上匹配算法 Node_matching_up 接受五个输入：① $B\_current\_node$ 为母图 $G$ 中的当前结点；② $P\_current\_node$ 为模板图 $H$ 的当前结点；③ 匹配继续标识变量 $Continue\_flag$；④ 记录在母图 $G$ 中匹配到的节点和边的集合 $B\_done\_node\_edge$；⑤ 记录在模板图 $H$ 中匹配到的节点和边的集合 $P\_done\_node\_edge$。算法输出为 $Continue\_flag$ 和 $B\_done\_node\_edge$。

匹配算法 Node_matching_up 遍历 $B\_current\_node$ 结点的父结点集合 $S_{BP}$ 和 $P\_current\_node$ 结点的父结点集合 $S_{PP}$ 进行配对匹配，首先判断配对结点是否都未处理且两者匹配成功，首先更新 $B\_done\_node\_edge$ 和 $P\_done\_node\_edge$，然后调用匹配算法 Node_matching_up 对更深层的父结点进行递归处理；根据匹配情况设置标识变量 $Continue\_flag$ 的值。

（4）基本算子恢复算法 Basic_operator_recovery

**算法 4.** 基本算子恢复算法 Basic_operator_recovery
**输入**：母图匹配成功的记录集合 $B\_done\_node\_edge$，模板图 $H$
**输出**：调整后的 DFG 图
1. 根据模板图 $H$ 获取算子名称 $op\_name$
2. 根据 $B\_done\_node\_edge$ 提取出输入结点集合 $S_{input}$、输出结点集合 $S_{output}$、内部结点集合 $S_{inner}$
3. 选择一个 $v, \forall v \in S_{inner}$
4. 将 $S_{input}$ 和 $S_{output}$ 集合中点的相关边集合 $S_e$ 正确关联到结点 $v$，并删除 $S_e$ 中的边
5. 删除 $S_{inner}$ 中除 $v$ 外的所有结点及相关无用边
6. 根据 $op\_name$ 和 $S_{input}$ 设置结点 $v$ 的算子操作码，并生成对应的算子运算表达式

基本算子恢复算法 Basic_operator_recovery 接受两个输入：① 记录在母图 $G$ 中匹配到的节点和边的集合 $B\_done\_node\_edge$；② 模板图 $H$。算法输出为算子恢复调整后的基本算子 DFG 图。

基本算子恢复算法 Basic_operator_recovery 首先根据模板图 $H$ 获取对应算子的名称 $op\_name$；然后根据 $B\_done\_node\_edge$ 提取出算子相关的三个节点集合 $S_{input}$、$S_{output}$、和 $S_{inner}$；从 $S_{inner}$ 中选择一个节点 $v$，基于此节点在母图 $G$ 中调整算子恢复后使用的边并删除其他无用的节点和边；最后，根据 $op\_name$ 和 $S_{input}$ 设置结点 $v$ 的算子操作码，并生成对应的算子运算表达式。

2. 算子基本模板匹配总控算法

4.3.3 的第 1 小节针对某个算子模板图，介绍了图匹配模块的核心匹配工作流程。本节基于算子基本模板库和图匹配优先级序列给出算子基本模板匹配的总控算法，因针对 DFG 母图进行算子恢复需考虑多个算子模板匹配，及算子模板匹配的先后顺序等问题。

**算法 5.** 算子基本模板匹配总控算法 Basic_main_control
**输入**：待匹配 DFG 图 $G = (V(G), E(G))$，算子基本模板库 $graph\_lib$，图匹配优先级序列 $L\_psq$
**输出**：基本算子 DFG 图
1. FOR ALL $P\_graph\_name \in L\_psq$
2. 　根据 $P\_graph\_name$ 从基本模板库 $graph\_lib$ 中取出算子基本模板 $H$
3. 　$B\_graph\_size = |G|$
4. 　$P\_graph\_size = |H|$

```
5.     IF B_graph_size < P_graph_size
6.         CONTINUE
7.     END IF
8.     Graph_matching(G, H)
9. END FOR
```

### 4.3.4 算子聚合

算子聚合模块使用算子聚合模板库基于图匹配技术对基本算子 DFG 图实施图匹配操作，生成算子集合 $S_{vg}$。算子聚合模块的操作流程类似于图匹配模块的工作流程，区别之处是针对基本算子 DFG 图中的每个结点 $v$，遍历算子聚合模板库中的聚合模板进行图匹配时，不论成功与否，都不结束对结点 $v$ 的匹配操作，直到遍历结束，仅在遍历过程中记录匹配成功时的相关信息到 $S_{vg}$。算子集合 $S_{vg}$ 内容为：① 标签 $v$ 对应基本算子 DFG 图中的每个结点；② 结点 $v$ 对应的算子聚合列表，给出了包含结点 $v$ 的多种可行聚合方案，列表元素包含聚合模板及其在基本算子 DFG 图中匹配区域对应的所有结点和边。

针对 LU 算子，4.3.2 的第 4 小节给出的 63 个算子聚合模板是依据基本算子抽象准则而生成的，即将 LU 算子基本模板 LU001 抽象为 LU_1，将 LU 算子基本模板 LU010、LU011、LU100、LU101、LU110 和 LU111 抽象为 LU_2。因此，使用算子聚合模板库对基本算子 DFG 图实施算子聚合前，需要将基本算子 DFG 图中的 LU 算子抽象转换为 LU_1 或 LU_2，针对 DFG 图算子聚合完成后，需要将抽象算子结点还原为原来的算子。

LU 算子抽象转换算法及抽象算子还原算法如下。其中，DFG 图中每个结点含有一个操作码 $op$ 及一个备份操作码 $op\_bak$，Get_op($v$) 函数获取结点 $v$ 的操作码，Set_op($v, v\_op$) 函数使用 $v\_op$ 设置结点 $v$ 的操作码，Get_op_bak($v$) 函数获取结点 $v$ 的备份操作码，Set_op_bak($v, v\_op$) 函数使用 $v\_op$ 设置结点 $v$ 的备份操作码。

**算法 6.** LU 算子抽象转换算法 LU_abstract_transformation
**输入：** 基本算子 DFG 图 $G = (V(G), E(G))$
**输出：** 抽象混合算子 DFG 图
```
1. FOR ALL    v ∈ V(G)
2.     v_op = Get_op(v)
```

```
3.    IF v_op ∈ {LU001,LU010,LU011,LU100,LU101,LU110,LU111}
4.        Set_op_bak(v, v_op)
5.    END IF
6.    IF v_op = = LU001
7.        Set_op(v, LU_1)
8.    ELSE IF v_op ∈ { LU010,LU011,LU100,LU101,LU110,LU111}
9.        Set_op(v, LU_2)
10.   END IF
11. END FOR
```

**算法 7.** LU 抽象算子还原算法 LU_abstract_recovery
输入：抽象混合算子 DFG 图 $G = (V(G), E(G))$
输出：基本算子 DFG 图

```
1. FOR ALL   v ∈ V(G)
2.    v_op = Get_op(v)
3.    IF v_op ∈ {LU_1,LU_2}
4.        v_op = Get_op_bak(v)
5.        Set_op(v, v_op)
6.    END IF
7. END FOR
```

### 4.3.5 算子选择

算子聚合模块根据基本算子 DFG 图生成算子集合 $S_{vg}$，其内容为：① 标签 $v$ 对应基本算子 DFG 图中的每个结点；② 结点 $v$ 对应的算子聚合列表，给出了包含结点 $v$ 的多种可行聚合方案，列表元素包含聚合模板及其在基本算子 DFG 图中匹配区域对应的结点和边。

算子选择模块基于基本算子 DFG 图和算子集合 $S_{vg}$ 生成整体最优的算子恢复方案。使用最优化原理方法从算子集合 $S_{vg}$ 的算子聚合列表集中挑选出部分内容，完成对基本算子 DFG 图的最优完全覆盖，选中部分组成最优的算子恢复方案 $S\text{-}select$。

1. 最优化原理方法

最优化理论与方法是一门应用性很强的年轻学科。它研究某些数学上定义的问题的最优解，即对于给出的实际问题，从众多方案中选出最优方案[2]。

虽然最优化可以溯源到十分古老的极值问题，但在 1947 年 Dantzig 提出求解一般线性规划问题的单纯形法之后，它才成为一门独立的学科。

现在，解线性规划、非线性规划以及随机规划、非光滑规划、多目标规划、几何规划、整数规划、动态规划等各种最优化问题的理论研究发展迅猛，新方法不断出现，在工业、农业、商业、交通运输、军事行动和科学研究等领域得到了广泛应用。

最优化问题的一般形式为

$$\min f(x) \\ s.t.\ x \in X \qquad (4-3)$$

其中 $x \in R^n$ 是决策变量，$f(x)$ 为目标函数，$X \subset R^n$ 为约束集或可行域。特别地，如果约束集 $X = R^n$，则最优化问题（公式 4-3）被称为无约束最优化问题：

$$\min_{x \in R^n} f(x) \qquad (4-4)$$

约束最优化问题通常写为

$$\min f(x) \\ s.t.\ c_i(x) = 0, i \in E, \\ c_i(x) \geqslant 0, i \in I \qquad (4-5)$$

这里的 $E$ 和 $I$ 分别是等式约束的指标集和不等式约束的指标集，$c_i(x)$ 是约束函数。当目标函数和约束函数均为线性函数时，称问题为线性规划。当目标函数和约束函数中至少有一个是变量 $x$ 的非线性函数时，称问题为非线性规划。此外，根据决策变量、目标函数和要求不同，最优化还分为整数规划、动态规划、网络规划、非光滑规划、几何规划、多目标规划等若干分支。

算子选择需要从算子集合 $Svg$ 的算子聚合列表集中挑选出部分内容以完成对基本算子 DFG 图的最优完全覆盖，使用整数规划可以较好地解决此问题（参见 3.2.3 节模式选择内容），此处仅对整数规划做简单介绍。

1) 整数规划

整数规划（Integer Programming, IP）问题是设计变量必须取整数值的线性或非线性规划问题。整数规划是近 30 多年来发展起来的一个规划论的重要分支。由于整数非线性规划尚无一般解法，在此仅介绍整数线性规划问题的解法。

整数线性规划与线性规划有着密切的关系，它的一些基本算法的设计都是以相应的线性规划最优解为出发点的。但是因为变量取整数值的要求从本质上来说是一种非线性约束,因此求解整数线性规划远远难于线性规划,一些著名的难题都是整数线性规划问题。

整数规划问题是下述形式的最优化问题:

$$min f(x) = c^T x$$
$$s.t.\ Ax = b$$
$$x \geqslant 0$$
$$x_i \in I, i \in J \subset \{1,2,\cdots,n\} \tag{4-6}$$

其中,$A$ 为 $m \times n$ 矩阵,$c \in R^n$,$b \in R^m$,$x = (x_1, x_2, \cdots, x_n)^T$,$I = \{0,1,2,\cdots\}$。

若 $I = \{0,1\}$,$J = \{1,2,\cdots,n\}$,则公式 4-6 表示 0-1 规划问题;若 $J$ 是 $\{1,2,\cdots,n\}$ 的非空真子集,则公式 4-6 表示混合整数规划问题;若 $J = \{1,2,\cdots,n\}$,则公式 4-6 是纯整数规划问题。

**例 4.1** 假设某投资公司可用于投资的资金总额为 $S$ 万元,有 $k(k \geqslant 2)$ 个可供投资的项目,规定对每个项目最多投资一次。第 $j$ 个项目所需的资金为 $m_j$ 万元,可获得的利润为 $p_j$ 万元。试建立如何选择投资项目才能使总利润最大的数学模型。

**解:** 设投资决策变量为

$$x_j = \begin{cases} 0, & \text{决定不投资第 } j \text{ 个项目} \\ 1, & \text{决定投资第 } j \text{ 个项目} \end{cases} \quad j = 1, 2, \cdots, k$$

设获得的总利润为 $f$,则本问题的数学模型为

$$max f(x) = \sum_{j=1}^{k} p_j x_j$$
$$s.t.\ 0 < \sum_{j=1}^{k} m_j x_j \leqslant S$$
$$x_j = 0 \text{ 或 } 1, j = 1, 2, \cdots, k$$

这是一个 0-1 规划问题,设计变量的取值为 0 或者 1,这个约束可以用一个等价的非线性约束

$$x_j(1 - x_j) = 0, \quad j = 1, 2, \cdots, k$$

来代替。因变量限制为整数在本质上是一个非线性约束,它不可能被线性约

束所代替。

2. 算子选择算法 Operator_select

针对基本算子 DFG 图 $G = (V(G), E(G))$，使用聚合模板库 $P\_lib = \{H_1, H_2, \cdots, H_m\}$ 获得的算子集合 $Svg$ 可以抽象描述如下：

$$n = |V(G)|$$
$$Svg = \{Sp\_v_i | v_i \in V(G), i = \{1, 2, \cdots, n\}\}$$

其中，$V(G)$ 为基本算子 DFG 图的结点集合，结点编号从 1 开始；$Sp\_v_i$ 为结点 $v_i$ 对应的算子聚合方案集合。每个 $Sp\_v_i$ 包含的方案个数不等，设 $n_i$ 为 $Sp\_v_i$ 包含的方案个数，$P_{ij}$ 为结点 $v_i$ 的某一个算子聚合方案，$H_k$ 为聚合方案 $P_{ij}$ 使用的聚合模板。

$$Sp\_v_i = \{(P_{ij}, H_k) | j = \{1, 2, \cdots, n_i\}, i = \{1, 2, \cdots, n\}, k \in \{1, 2, \cdots, m\}\}$$

使用 $n$ 维向量 $x_{ij}$ 指代聚合方案 $P_{ij}$。

$$x_{ij} = (x_{ij1}, x_{ij2}, \cdots, x_{ijn})$$

$$x_{ijl} = \begin{cases} 0 & \text{DFG 图中结点 } v_l \text{ 不属于聚合方案 } P_{ij} \\ 1 & \text{DFG 图中结点 } v_l \text{ 属于聚合方案 } P_{ij} \end{cases} \quad l = \{1, 2, \cdots, n\}$$

使用 $n$ 维向量 $y_{ij}$ 指代聚合方案 $P_{ij}$ 中的内部结点。

$$y_{ij} = (y_{ij1}, y_{ij2}, \cdots, y_{ijn})$$

$$y_{ijl} = \begin{cases} 0 & \text{DFG 图中结点 } v_l \text{ 不是聚合方案 } P_{ij} \text{ 的内部结点} \\ 1 & \text{DFG 图中结点 } v_l \text{ 是聚合方案 } P_{ij} \text{ 的内部结点} \end{cases} \quad l = \{1, 2, \cdots, n\}$$

使用 $n_i$ 维向量 $z_i$ 指代 $Sp\_v_i$ 聚合方案的选取情况。

$$z_i = (z_{i1}, z_{i2}, \cdots, z_{in_i})$$

$$z_{ij} = \begin{cases} 0 & \text{聚合方案 } P_{ij} \text{ 未被选中} \\ 1 & \text{聚合方案 } P_{ij} \text{ 被选中} \end{cases} \quad j = \{1, 2, \cdots, n_i\}$$

使用 $n$ 维向量 $z$ 指代 $Svg$ 的方案选取情况。

$$z = (z_1, z_2, \cdots, z_n)$$

$$z_i = \begin{cases} 0 & \sum_{j=1}^{n_i} z_{ij} < 1 \\ 1 & \sum_{j=1}^{n_i} z_{ij} > 0 \end{cases} \quad i = \{1, 2, \cdots, n\}$$

算子选择要达到的目标是从 $Svg$ 的每个 $Sp\_v_i$ 中至多选择一个 $P_{ij}$，也可以一个不选，最终使用最少数量的算子(或整体耗时最少等指标作为目标函数，目标函数可调整)完成对基本算子 DFG 图的完全覆盖。

设完全覆盖 DFG 图使用的算子数为 $f$，则算子选择对应的数学模型如下

$$\min f(z) = \sum_{i=1}^{n} \sum_{j=1}^{n_i} z_{ij}$$

$$s.t. \sum_{j=1}^{n_i} z_{ij} \leqslant 1 \quad i = \{1, 2, \cdots, n\}$$

$$\bigvee_{i=1}^{n} \bigvee_{j=1}^{n_i} z_{ij} x_{ij} = (1, 1, \cdots, 1)，所有 DFG 结点均被覆盖$$

$$\sum_{i=1}^{n} \sum_{j=1}^{n_i} z_{ij} y_{ij} = t$$

向量 $t$ 为 $n$ 维向量，其元素的值只能是 0 或 1。

对于所建立的算子选择数学模型说明如下：目标函数是取算子数量最小；第一个约束条件指明针对每个结点，至多从 $Sp\_v_i$ 多聚合方案中间选择一个；第二个约束条件指明选中的多个聚合方案组合起来可以完全覆盖基本算子 DFG 图；第三个约束条件指明选中的多个聚合方案组合起来的内部结点仅被覆盖一次。

最终，解出的 $n$ 维向量 $z$ 即为算子选择模块根据 $Svg$ 生成的算子恢复方案 S-select。

### 4.3.6 算子生成

基于算子选择模块生成算子恢复方案 S-select，算子生成模块对基本算子 DFG 图进行调整，生成软件定义芯片直接可用的由芯片算子构成的目标 DFG 图。调整内容包括：生成聚合算子的操作表达式，并调整目标结点内容；对基本算子 DFG 图中的结点和边进行删除、拼接等操作。

算子恢复方案 S-select 是一个聚合算子集合，每个聚合算子包含的数据

为：① 此聚合算子匹配的聚合模板；② 基本算子 DFG 图匹配结点集合 $B\_match\_node$。

算子生成算法介绍如下。

---

**算法 8.** 算子生成算法 Operator_recovery
**输入：** 基本算子 DFG 图，算子恢复方案 $S-select$
**输出：** 目标 DFG 图
1. FOR ALL $(H_{agg}, B\_match\_node) \in S-select$
2. 　根据算子聚合模板图 $H_{agg}$ 获取算子名称 $op\_name$
3. 　根据 $B\_match\_node$ 提取出输入结点集合 $S_{input}$、输出结点集合 $S_{output}$、内部结点集合 $S_{inner}$
4. 　在 $S_{inner}$ 选择最靠近 $S_{output}$ 的结点 $v$
5. 　从 $S_{input}$ 开始逐层生成局部运算表达式，结束于结点 $v$，将最终生成的算子运算表达式赋予结点 $v$
6. 　将 $S_{input}$ 和 $S_{output}$ 集合中点的相关边集合 $S_e$ 正确地关联到结点 $v$，并删除 $S_e$ 中的边
7. 　删除 $S_{inner}$ 中除 $v$ 外的所有结点及相关无用边
8. 　根据 $op\_name$ 和 $S_{input}$ 设置结点 $v$ 的算子操作码
9. END FOR

---

算子生成算法 Operator_recovery 执行的核心操作类似于基本算子恢复算法 Basic_operator_recovery，主要区别在于需要根据算子恢复方案 $S-select$ 对 DFG 图进行多次调整，最终输出满足算子恢复要求的目标 DFG 图。

### 4.3.7　复杂度分析

从 4.3.1 节至 4.3.6 节介绍了软件定义芯片示例中抽象算子、算子恢复系统的输入输出、图匹配模块、算子聚合模块、算子选择模块和算子生成模块的具体功能。为便于对系统复杂度进行分析，先明确各个模块算法间的调用关系，如图 4-19 所示。

设待处理 DFG 图 $G$ 的结点数为 $n$，算子基本模板库中的模板图个数为 $m_1$，算子聚合模板库中的模板图个数为 $m_2$，算子的最大输入数据个数为 $C_1 = 3$，分别以每个输入结点为入口基准结点进行匹配。

参照图 4-15，算子基本模板图的结点数分别为 4、4、4、4、6、6、6，设算子基本模板图的平均结点个数为 $C_2 = 5$，即平均每次匹配进行 $C_2$ 个结点的匹配，算子恢复时需要处理 $C_2$ 个结点。

参照图 4-17，算子聚合模板图的结点数最小为 5、最大为 16，设算子聚合

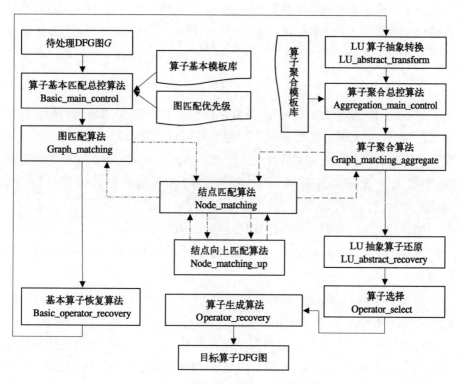

图 4-19 算子恢复系统算法关系图

模板图的平均结点个数为 $C_3=11$，即平均每次匹配进行 $C_3$ 个结点的匹配，算子生成时需要处理 $C_3$ 个结点。

因图 $G$ 有 $n$ 个结点，当某一个算子基本模板与 $G$ 匹配成功后，需要立即对 $G$ 进行调整，调整后的图 $G$ 结点数肯定不大于 $n$。复杂度分析时把数值取得大些无甚影响，即整个算子基本模板匹配过程中默认图 $G$ 的结点数一直为 $n$。算子基本模板库中的所有模板要遍历图 $G$ 的结点进行匹配，匹配成功即进行基本算子恢复，因此，算子基本模板匹配的复杂度如下。

$$m_1 \times n \times C_1 \times C_2 + C_2 \times n \\ = (m_1 \times C_1 \times C_2 + C_2) \times n \qquad (4-7)$$

同理，算子聚合的复杂度如下。

$$m_2 \times n \times C_1 \times C_3 \\ = m_2 \times C_1 \times C_3 \times n \qquad (4-8)$$

算子生成算法根据算子恢复方案 S-select 处理基本算子 DFG 图，处理结点数小于或等于 $n$，简单起见可以认为 $n$ 个结点需要处理，其算法复杂度如下。

$$O(n) \tag{4-9}$$

整数规划问题看上去很简单，其数学模型也不复杂，但求解这类问题往往非常困难[3]。绝大部分的整数规划问题的可行域包含有限多个可行点，一个最简单直观的想法就是穷举所有的可行点。设 $x=\{0,1\}^n$ 是某个问题的可行域，假设有一台超级计算机，每秒钟可以对该问题的目标函数计算 $10^8$（1亿）次。

当 $n=30$ 时，我们需要的计算时间为 $2^{30}/10^8 \approx 10$ 秒；

当 $n=40$ 时，我们需要的计算时间为 $2^{40}/10^8 \approx 10\,000$ 秒，约折合成 3 个小时；

当 $n=50$ 时，我们需要的计算时间为 $2^{50}/10^8 \approx 1\,125\,899\,906\,842\,624$ 秒，约折合成 8 年半。

可知穷举法是一个具有指数复杂度的算法。在实际中，可以将连续优化取整法（Rounding）、启发式方法（Heuristic Method）与其他一些方法结合起来使用，进而降低算子选择的复杂度。

可基于 Gorubi 或 SCIP 等专业线性规划软件实现算子选择模块的功能。基于 Gorubi 使用 4.3.5 的第 2 小节介绍的算子选择对应数学模型实现算子选择，针对包含 100 个结点的测例 SM3（一种密码散列函数标准，由国家密码管理局发布）原始 DFG 图，算子基本模板匹配调整后生成的基本算子 DFG 图含有 68 个结点，即 $n=68$，然而算子恢复系统针对此测例的耗时仅为 0.336 秒（耗时占比见表 4-4），可知算子选择算法复杂度远远小于 $2^n$，暂且默认算子选择的时间复杂度为

$$O(n^2) \tag{4-10}$$

表 4-4 算子恢复各模块耗时及占比

| 名　称 | 基本算子恢复 | 算子聚合 | 算子选择 | 算子生成 | 其余部分 |
| --- | --- | --- | --- | --- | --- |
| 时间(ms) | 29.3 | 138.2 | 7.9 | 1.2 | 159.4 |
| 占比 | 8.7% | 41.1% | 2.4% | 0.4 | 47.4% |

基于公式 4-7 至公式 4-10,可得软件定义芯片通用算子恢复系统的时间消耗为

$$(m_1 \times C_1 \times C_2 + C_2) \times n + m_2 \times C_1 \times C_3 \times n + n^2 + n$$
$$= (m_1 \times C_1 \times C_2 + C_2 + m_2 \times C_1 \times C_3 + 1) \times n + n^2 \quad (4-11)$$

因算子基本模板库中的模板数 $m_1$ 通常较小,可以被当作一个常数 $C_{m1}$;算子聚合模板库中的模板数 $m_2$ 通常较大,可认为其为 $C_4 \times n$。则有

$$(C_{m1} \times C_1 \times C_2 + C_2 + 1) \times n + (C_1 \times C_3 \times C_4 + 1) \times n^2 \quad (4-12)$$

由公式 12 可知,软件定义芯片通用算子恢复系统的整体时间复杂度为 $O(n^2)$。基于整数规划思想实现算子选择,当 $n$ 的值过大时,系统性能可能会变差。

### 4.3.8 总结

为更好地介绍软件定义芯片通用算子恢复系统,我们首先引入一组软件定义芯片支持的抽象算子:加法算子(AU)、逻辑算子(LU)、移位算子(SU)以及比较算子(CU)。基于 LU 算子详细阐述了算子基本模板库的选取设计、算子聚合模板库的抽象提升及设计、图匹配优先级序列的制定原则、图匹配模块的具体工作流程、算子聚合模块、算子选择模块和算子生成模块的具体功能,关于 AU、SU 和 CU 算子针对算子基本模板库、算子聚合模板库和图匹配优先级序列的具体设计处理可依次类推。同时,对整个算子恢复系统进行了复杂度分析。

本章针对软件定义芯片通用算子恢复系统各模块的阐述,是基于通用目的而进行的,省略了诸多对特定软件定义芯片相关细节特性的处理介绍。例如,具体到某款软件定义芯片,算子聚合模块生成的算子集合 $Svg$ 中可能存在某些非法的聚合方案(不是因为聚合模板导致的),需要添加一个聚合算子合法性检查过程,删除掉那些非法的聚合方案;另外,在算子生成阶段,需根据特定软件定义芯片的具体要求对算子运算表达式进行必要的调整。

## 参 考 文 献

[1] 混凝土预制件.(2022-11-08).http://www.precast.com.cn/index.php/baike_detail-tid-48.html.
[2] 袁亚湘,孙文瑜. 最优化理论与方法. 北京:科学出版社,1997.
[3] 孙小玲,李端. 整数规划. 北京:科学出版社,2010.

# 第5章
# 通用算子恢复系统实现

本章基于4.3节介绍的"软件定义芯片通用算子恢复系统"给出通用算子恢复系统工程实现的核心部分,其他部分略去不述。首先,定义DFG图数据结构,因为所有的工作都是基于DFG图而展开的;接着,基于4.3.1节引入的四类抽象算子LU、AU、SU和CU给出相对应的算子基本模板库、算子聚合模板库及图匹配优先级序列;然后,依次介绍算子基本模板图匹配、算子聚合、算子选择和算子生成模块的工程实现。

## 5.1 DFG图数据结构

前述章节对于DFG图的描述基本是基于图形而进行的,例如4.3.2的第1小节的图4-8。程序语言对DFG图的表达是基于代码和数据结构而进行的,本小节给出DFG图涉及的数据结构。

### 5.1.1 结点操作码定义

图5-1所示的前23个操作码被用于原始DFG图结点,最后22个操作码被用于基本算子DFG、目标算子DFG和中间算子DFG(存在于算子聚合阶段)。

对于最后22个操作码的具体说明如下,见表5-1,其中"√"表示对应的操作码可以出现在DFG图的某个阶段。

```
typedef enum
{
    OPGRAPH_OP_NOP = 0,        OPGRAPH_OP_SEXT,         OPGRAPH_OP_ZEXT,
    OPGRAPH_OP_TRUNC,          OPGRAPH_OP_INPUT,        OPGRAPH_OP_OUTPUT,
    OPGRAPH_OP_PHI,            OPGRAPH_OP_CONST,        OPGRAPH_OP_ADD,
    OPGRAPH_OP_SUB,            OPGRAPH_OP_MUL,          OPGRAPH_OP_DIV,
    OPGRAPH_OP_AND,            OPGRAPH_OP_OR,           OPGRAPH_OP_XOR,
    OPGRAPH_OP_SHL,            OPGRAPH_OP_SHRA,         OPGRAPH_OP_SHRL,
    OPGRAPH_OP_LOAD,           OPGRAPH_OP_STORE,        OPGRAPH_OP_GEP,
    OPGRAPH_OP_ICMP,           OPGRAPH_OP_SHR,
    // 上述 opcode 用于原始 DFG,下述 opcode 用于基本算子 DFG 和目标算子 DFG
    OPGRAPH_OP_AU_0,           OPGRAPH_OP_AU_1,
    OPGRAPH_OP_CU_g,           OPGRAPH_OP_CU_ge,        OPGRAPH_OP_CU_e,
    OPGRAPH_OP_CU_select,
    OPGRAPH_OP_SU_00,          OPGRAPH_OP_SU_01,        OPGRAPH_OP_SU_10,
    OPGRAPH_OP_SU_11,          OPGRAPH_OP_SU_0,         OPGRAPH_OP_SU_1,
    OPGRAPH_OP_SU_2,
    OPGRAPH_OP_LU_001,         OPGRAPH_OP_LU_010,       OPGRAPH_OP_LU_011,
    OPGRAPH_OP_LU_100,         OPGRAPH_OP_LU_101,       OPGRAPH_OP_LU_110,
    OPGRAPH_OP_LU_111,         OPGRAPH_OP_LU_1,         OPGRAPH_OP_LU_2,
} OpGraphOpCode;
```

图 5-1  DFG 图结点操作码

表 5-1  结点操作码功能及适用阶段说明

| 名称 | 基本算子 DFG | 中间算子 DFG | 目标算子 DFG | 说明（@表示 LBC 支持的逻辑运算） |
|---|---|---|---|---|
| OPGRAPH_OP_AU_0 | √ | √ | √ | A＋B |
| OPGRAPH_OP_AU_1 | | | √ | (A^T)＋B、(A＋B)@T、((A^T)＋B)@T |
| OPGRAPH_OP_CU_g | √ | √ | √ | 大于 |
| OPGRAPH_OP_CU_ge | √ | √ | √ | 大于等于 |
| OPGRAPH_OP_CU_e | √ | √ | √ | 等于 |
| OPGRAPH_OP_CU_select | √ | √ | √ | 条件选择 |
| OPGRAPH_OP_SU_00 | √ | √ | | 逻辑右移 |
| OPGRAPH_OP_SU_01 | √ | √ | | 算术右移 |
| OPGRAPH_OP_SU_10 | √ | √ | | 逻辑/算术左移 |
| OPGRAPH_OP_SU_11 | √ | √ | | 循环左移 |
| OPGRAPH_OP_SU_0 | | √ | √ | shift0 和 shift1 仅存在一个 |
| OPGRAPH_OP_SU_1 | | √ | √ | shift0 ^ shift1 |
| OPGRAPH_OP_SU_2 | | √ | √ | ＊SU_0@A、＊SU_1@A |

续　表

| 名　称 | 基本算子DFG | 中间算子DFG | 目标算子DFG | 说　明（@表示 LBC 支持的逻辑运算） |
|---|---|---|---|---|
| OPGRAPH_OP_LU_001 | √ | √ | √ | ~A |
| OPGRAPH_OP_LU_010 | √ | √ | √ | A^B |
| OPGRAPH_OP_LU_011 | √ | √ | √ | A&B |
| OPGRAPH_OP_LU_100 | √ | √ | √ | A\|B |
| OPGRAPH_OP_LU_101 | √ | √ | √ | ~A^B |
| OPGRAPH_OP_LU_110 | √ | √ | √ | ~A&B |
| OPGRAPH_OP_LU_111 | √ | √ | √ | ~A\|B |
| OPGRAPH_OP_LU_1 | | √ | | OPGRAPH_OP_LU_001 对应的中间状态 |
| OPGRAPH_OP_LU_2 | | √ | | OPGRAPH_OP_LU_010 至 OPGRAPH_OP_LU_111 对应的中间状态 |

## 5.1.2　结点数据结构

DFG 图的结点数据结构定义如图 5-2 所示。需特殊说明以下两点：① second_opcode_map 记录当前结点匹配的聚合模板结点的真实结点操作码，因聚合模板是经过算子抽象处理的，其结点的 opcode 不是真实结点操作码（参 4.3.4 节的算法 6 和算法 7）；② done_set 记录哪些结点已经被处理过了。

```
typedef enum {
    OPGRAPH_ICMP_EQ = 0,
    OPGRAPH_ICMP_NE,
    OPGRAPH_ICMP_SGT,
    OPGRAPH_ICMP_SGE,
    OPGRAPH_ICMP_SLT,
    OPGRAPH_ICMP_SLE,
} ICMPCode;                                    // 标记 ICMP 结点的具体操作类型

typedef struct {
    std::set<long*> operator_node_set;              // std::set<OpGraphOp*>结点集合
    std::map<long*, OpGraphOpCode> second_opcode_map;  // 记录 second_opcode 的值
    std::set<long*> operator_inner_node_set;        // 内部结点集合
    std::set<long*> operator_output_set;            // 输出结点集合
    long *T = NULL;                                 // 记录 SU 算子输入数据 T 对应结点
} Operator_set;                                     // 记录算子聚合产生的基本聚合方案数据
```

```cpp
class OpGraphNode {                    // DFG 图结点和边的基类
    public:
        OpGraphNode(std::string name)
        {           this->name = name;           };
        virtual ~OpGraphNode();
        std::string name;
};
class OpGraphOp : public OpGraphNode {                    // DFG 图结点类
    public:
        OpGraphOp(std::string name);
        OpGraphOp(std::string name, OpGraphOpCode opcode);
        ~OpGraphOp();
        bool setOperand(int op_num, OpGraphVal* val);     // 设置输入数据边的次序

        OpGraphOpCode opcode;                             // 操作码
        OpGraphOpCode opcode_bak;                         // 备份操作码，用于算子抽象
        OpGraphOpCode second_opcode = OPGRAPH_OP_NOP;     // 记录算子聚合匹配的操作码
        std::string name_bak;                             // 算子表达式备份
        std::vector<OpGraphVal*> input;                   // 输入边
        OpGraphVal* output;                               // 输出边
        int      level = 0;                               // 结点层级
        std::string    exps;                              // 算子表达式
        std::set<OpGraphOp*> done_set;                    // 结点的处理情况
        int    const_value;                               // 记录常数结点的常数值
        ICMPCode icmpcode;                                // 记录 ICMP 结点具体操作类型
        int    internal_flag = 0;                         // 标记是否为内部结点
        std::map<std::string, std::vector<Operator_set>> operator_map;    // 记录多个聚合方案
    private:
        static std::map<std::string, OpGraphOpCode> opcode_map;    // 字符串与操作码对应关系
};
```

图 5‑2　DFG 图结点数据结构

### 5.1.3　边数据结构

```cpp
class OpGraphVal : public OpGraphNode
{
    public:
        OpGraphVal(std::string name);
        OpGraphVal(std::string name, OpGraphOp* input_op);
        ~OpGraphVal();

        OpGraphOp*                       input;              // 边的输入结点
        std::vector<OpGraphOp*>          output;             // 边得输出结点
        std::vector<unsigned int>        output_operand;     // 此边输入结点在此边输出结点的
输入数据中所处的次序位置，即是第几个输入数据
};
```

图 5‑3　DFG 图边数据结构

### 5.1.4 图数据结构

图 5-4 中的变量 input_max 和 use_max 被用于存储算子聚合模板自带的两个属性值,参与判断算子聚合匹配成功与否。

```
class OpGraph
{
    public:
        OpGraph();
        ~OpGraph();
        void printDOTwithOps(std::ostream &s = std::cout);

        std::vector<OpGraphOp*>     inputs;       // 图的输入结点
        std::vector<OpGraphOp*>     outputs;      // 图的输出结点
        std::vector<OpGraphOp*>     op_nodes;     // 图的所有结点
        std::vector<OpGraphVal*>    val_nodes;    // 图的所有边

        // 算子聚合模板使用的变量
        int input_max = 0;                        // 输入数据结点个数
        int use_max = 0;                          // 每个输入结点的最大使用次数
};
```

图 5-4　DFG 图边数据结构

## 5.2　算子基本模板库工程示例

四类算子 LU、AU、SU 和 CU 的算子基本模板库详单如表 5-2 所示,LU 算子对应 7 个算子基本模板、AU 算子对应 1 个算子基本模板、SU 算子对应 4 个算子基本模板、CU 算子对应 2 个算子基本模板。

表 5-2　算子基本模板库详单

| 算子名称 | 算子基本模板名称 | 数量 | 合计 |
| --- | --- | --- | --- |
| LU | LU_001.dot<br>LU_010.dot<br>LU_011.dot<br>LU_100.dot<br>LU_101.dot<br>LU_110.dot<br>LU_111.dot | 7 | 14 |

续 表

| 算子名称 | 算子基本模板名称 | 数 量 | 合 计 |
|---|---|---|---|
| AU | AU_single.dot | 1 | |
| SU | SU_00.dot<br>SU_01.dot<br>SU_10.dot<br>SU_11.dot | 4 | 14 |
| CU | CU_e_ge_g_ne.dot<br>CU_select.dot | 2 | |

### 5.2.1 DOT 语言

DOT 语言[1]是一种文本图形描述语言。它提供了一种简单的描述图形的方法，并且可以为人类和计算机程序所理解。DOT 语言文件通常是具有.dot 或.gv 的文件扩展名。

DOT 语言使用图（digraph/graph/subgraph）、结点（node）和边（edge）来描述图的核心组件，再配合一些属性值来完成对图的设置。

用 graph 来描述无向图；用 digraph 来描述有向图；用 subgraph 来描述子图。结点与结点间的关系称为边，边分为有向边（使用->描述）和无向边（使用--描述）两种。可以针对图、结点和边分别设置具体的属性，使用[]对属性进行设置。

DOT 语言的注释和 C 语言类似，使用//或♯进行单行注释，使用/＊＊/进行多行注释。

DOT 语言的语法要求不甚严格，比如结束可以有分号，属性可以没有引号。

DOT 语言程序示例见图 5-5。其中，G 为有向图的名称，opcode 为结点的属性变量，operand 为边的属性变量。

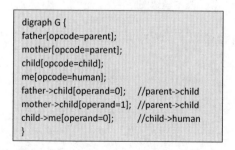
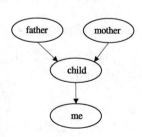

图 5-5　DOT 语言示例

## 5.2.2 算子基本模板工程示例

四类算子 LU、AU、SU 和 CU 的 14 个算子基本模板见图 5-6,随后给出每个模板图的 DOT 语言程序。

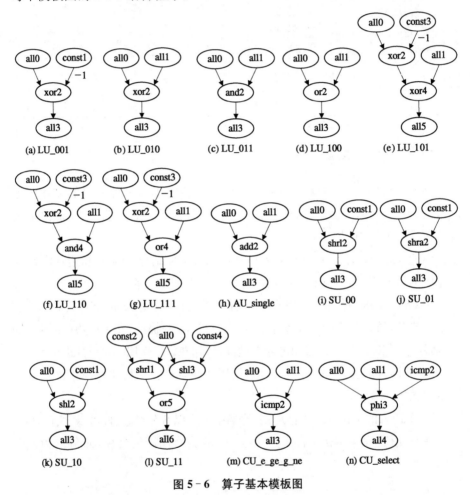

图 5-6 算子基本模板图

算子基本模板图的 DOT 语言程序如下。其中,[const_value = -1]将属性 const_value 的值设置为 -1。

**LU_001.dot:**

```
digraph G {
all0[opcode = all];
xor1[opcode = xor];
```

```
const2[opcode = const][const_value = -1];
all3[opcode = all];
all0->xor1[operand = 0]; //all->xor
xor1->all3[operand = 0]; //xor->all
const2->xor1[operand = 1]; //const->xor
}
```

### LU_010.dot:

```
digraph G {
all0[opcode = all];
all1[opcode = all];
xor2[opcode = xor];
all3[opcode = all];
all0->xor2[operand = 1]; //all->xor
all1->xor2[operand = 0]; //all->xor
xor2->all3[operand = 0]; //xor->all
}
```

### LU_011.dot:

```
digraph G {
all0[opcode = all];
all1[opcode = all];
and2[opcode = and];
all3[opcode = all];
all0->and2[operand = 1]; //all->and
all1->and2[operand = 0]; //all->and
and2->all3[operand = 0]; //and->all
}
```

### LU_100.dot:

```
digraph G {
all0[opcode = all];
all1[opcode = all];
or2[opcode = or];
all3[opcode = all];
all0->or2[operand = 1]; //all->or
```

```
all1->or2[operand=0]; //all->or
or2->all3[operand=0]; //or->all
}
```

**LU_101.dot：**

```
digraph G {
all0[opcode=all];
all1[opcode=all];
xor2[opcode=xor];
const3[opcode=const][const_value=-1];
xor4[opcode=xor];
all5[opcode=all];
all0->xor2[operand=0]; //all->xor
all1->xor4[operand=0]; //all->xor
xor2->xor4[operand=1]; //xor->xor
xor4->all5[operand=0]; //xor->all
const3->xor2[operand=1]; //const->xor
}
```

**LU_110.dot：**

```
digraph G {
all0[opcode=all];
all1[opcode=all];
xor2[opcode=xor];
const3[opcode=const][const_value=-1];
and4[opcode=and];
all5[opcode=all];
all0->xor2[operand=0]; //all->xor
all1->and4[operand=0]; //all->and
xor2->and4[operand=1]; //xor->and
and4->all5[operand=0]; //and->all
const3->xor2[operand=1]; //const->xor
}
```

**LU_111.dot：**

```
digraph G {
all0[opcode=all];
```

```
all1[opcode = all];
xor2[opcode = xor];
const3[opcode = const][const_value = -1];
or4[opcode = or];
all5[opcode = all];
all0->xor2[operand = 0]; //all->xor
all1->or4[operand = 0]; //all->or
xor2->or4[operand = 1]; //xor->or
or4->all5[operand = 0]; //or->all
const3->xor2[operand = 1]; //const->xor
}
```

**AU_single.dot：**

```
digraph G {
all0[opcode = all];
all1[opcode = all];
add2[opcode = add];
all3[opcode = all];
all0->add2[operand = 1]; //all->add
all1->add2[operand = 0]; //all->add
add2->all3[operand = 0]; //add->all
}
```

**SU_00.dot：**

```
digraph G {
all0[opcode = all];
shr11[opcode = shr1];
const2[opcode = const];
all3[opcode = all];
all0->shr11[operand = 0]; //all->lshr
shr11->all3[operand = 0]; //lshr->all
const2->shr11[operand = 1]; //const->lshr
}
```

**SU_01.dot：**

```
digraph G {
all0[opcode = all];
```

```
shra1[opcode = shra];
const2[opcode = const];
all3[opcode = all];
all0 - >shra1[operand = 0]; //all - >ashr
shra1 - >all3[operand = 0]; //ashr - >all
const2 - >shra1[operand = 1]; //const - >ashr
}
```

**SU_10.dot:**

```
digraph G {
all0[opcode = all];
shl1[opcode = shl];
const2[opcode = const];
all3[opcode = all];
all0 - >shl1[operand = 0]; //all - >shl
shl1 - >all3[operand = 0]; //shl - >all
const2 - >shl1[operand = 1]; //const - >shl
}
```

**SU_11.dot:**

```
digraph G {
all0[opcode = all];
shr11[opcode = shr1];
const2[opcode = const];
shl3[opcode = shl];
const4[opcode = const];
or5[opcode = or];
all6[opcode = all];
all0 - >shr11[operand = 0]; //all - >lshr
all0 - >shl3[operand = 0]; //all - >shl
shr11 - >or5[operand = 0]; //lshr - >or
shl3 - >or5[operand = 1]; //shl - >or
or5 - >all6[operand = 0]; //or - >all
const2 - >shr11[operand = 1]; //const - >lshr
const4 - >shl3[operand = 1]; //const - >shl
}
```

**CU_e_ge_g_ne.dot：**

```
digraph G {
all0[opcode = all];
all1[opcode = all];
icmp2[opcode = icmp];
all3[opcode = all];
all0 -> icmp2[operand = 0]; //all -> icmp
all1 -> icmp2[operand = 1]; //all -> icmp
icmp2 -> all3[operand = 0]; //icmp -> all
}
```

**CU_select.dot：**

```
digraph G {
all0[opcode = all];
all1[opcode = all];
icmp2[opcode = icmp];
phi3[opcode = phi];
all4[opcode = all];
all0 -> phi3[operand = 2]; //all -> select
all1 -> phi3[operand = 1]; //all -> select
icmp2 -> phi3[operand = 0]; //icmp -> select
phi3 -> all4[operand = 0]; //select -> all
}
```

## 5.3 图匹配优先级序列工程示例

图匹配优先级序列文件 recovery_order.txt 存储算子基本模板图的图匹配先后顺序，靠前的模板优先于它后边的模板进行匹配。recovery_order.txt 文件内容如下：

```
CU_e_ge_g_ne
CU_select
AU_single
SU_11
SU_01
```

```
SU_10
SU_00
LU_101
LU_110
LU_111
LU_001
LU_010
LU_011
LU_100
```

另外，operator_list.txt 文件存储算子基本模板库包含的模板图列表：

```
LU_001.dot
LU_010.dot
LU_011.dot
LU_100.dot
LU_101.dot
LU_110.dot
LU_111.dot
AU_single.dot
SU_00.dot
SU_01.dot
SU_10.dot
SU_11.dot
CU_e_ge_q_ne.dot
CU_select.dot
```

## 5.4 算子聚合模板库工程示例

四类算子 AU、LU 和 SU 对应的算子聚合模板列表见表 5-3，聚合模板总数为 94，AU 算子对应 5 个、LU 算子对应 63 个、SU 算子对应 26 个。随后给出每个模板图及其部分模板对应的 DOT 语言程序，因不同模板的 DOT 语言程序间的实质性差异基本很小，大部分差异是由结点位置的不同所导致的，可略去不述。

SU 算子存在 3 种输出模式：① SHIFT0 输出数据；② SHIFT0 和 SHIFT1 输出数据再进行异或计算；③ X 在输出之前与 A 再次做 LBC 运算。分别对应 SU 模式一、SU 模式二和 SU 模式三，SHIFT0 和 SHIFT1 都抽象为 su_0。

表 5-3  算子聚合模板库列表

| 算子名称 | 算子聚合模板名称 | 数 量 | 合 计 |
|---|---|---|---|
| AU | AU_001.dot<br>AU_002.dot<br>AU_003.dot<br>AU_004.dot<br>AU_005.dot | 5 | |
| 二级 LU | LU_2_1.dot<br>LU_2_2.dot<br>LU_2_3.dot<br>LU_2_4.dot<br>LU_2_5.dot<br>LU_2_6.dot<br>LU_2_7.dot | 7 | 94 |
| 三级 LU | LU_3_8.dot<br>LU_3_9.dot<br>LU_3_10.dot<br>LU_3_11.dot<br>LU_3_12.dot<br>LU_3_13.dot<br>LU_3_14.dot<br>LU_3_15.dot<br>LU_3_16.dot<br>LU_3_17.dot<br>LU_3_18.dot<br>LU_3_19.dot<br>LU_3_20.dot<br>LU_3_21.dot<br>LU_3_22.dot<br>LU_3_23.dot<br>LU_3_24.dot<br>LU_3_25.dot<br>LU_3_26.dot<br>LU_3_27.dot<br>LU_3_28.dot<br>LU_3_29.dot<br>LU_3_30.dot<br>LU_3_31.dot<br>LU_3_32.dot<br>LU_3_33.dot<br>LU_3_34.dot<br>LU_3_35.dot | 56 | |

续表

| 算子名称 | 算子聚合模板名称 | 数　量 | 合　计 |
| --- | --- | --- | --- |
| 三级 LU | LU_3_36.dot | 56 | 94 |
| | LU_3_37.dot | | |
| | LU_3_38.dot | | |
| | LU_3_39.dot | | |
| | LU_3_40.dot | | |
| | LU_3_41.dot | | |
| | LU_3_42.dot | | |
| | LU_3_43.dot | | |
| | LU_3_44.dot | | |
| | LU_3_45.dot | | |
| | LU_3_46.dot | | |
| | LU_3_47.dot | | |
| | LU_3_48.dot | | |
| | LU_3_49.dot | | |
| | LU_3_50.dot | | |
| | LU_3_51.dot | | |
| | LU_3_52.dot | | |
| | LU_3_53.dot | | |
| | LU_3_54.dot | | |
| | LU_3_55.dot | | |
| | LU_3_56.dot | | |
| | LU_3_57.dot | | |
| | LU_3_58.dot | | |
| | LU_3_59.dot | | |
| | LU_3_60.dot | | |
| | LU_3_61.dot | | |
| | LU_3_62.dot | | |
| | LU_3_63.dot | | |
| SU 模式一 | SU_0_1.dot | 2 | |
| | SU_0_2.dot | | |
| SU 模式二 | SU_1_3.dot | 6 | |
| | SU_1_4.dot | | |
| | SU_1_5.dot | | |
| | SU_1_6.dot | | |
| | SU_1_7.dot | | |
| | SU_1_8.dot | | |

续　表

| 算子名称 | 算子聚合模板名称 | 数　量 | 合　计 |
|---|---|---|---|
| SU 模式三 | SU_2_9.dot<br>SU_2_10.dot<br>SU_2_11.dot<br>SU_2_12.dot<br>SU_2_13.dot<br>SU_2_14.dot<br>SU_2_15.dot<br>SU_2_16.dot<br>SU_2_17.dot<br>SU_2_18.dot<br>SU_2_19.dot<br>SU_2_20.dot<br>SU_2_21.dot<br>SU_2_22.dot<br>SU_2_23.dot<br>SU_2_24.dot<br>SU_2_25.dot<br>SU_2_26.dot | 18 | 94 |

算子聚合模板图及对应的 DOT 语言程序分类介绍如下。

## 5.4.1　AU 算子聚合模板

**AU_001.dot：**

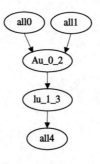

```
digraph G {
all0[opcode = all][input_max = 2][use_max = 1];
```

```
all1[opcode = all][input_max = 2][use_max = 1];
AU_0_2[opcode = au_0];
lu_1_3[opcode = lu_1];
all4[opcode = all];
all0 -> AU_0_2[operand = 0];
all1 -> AU_0_2[operand = 1];
AU_0_2 -> lu_1_3[operand = 0];
lu_1_3 -> all4[operand = 0];
}
```

其中,属性 input_max 和 use_max 分别指出此图具有 2 个输入结点,且每个输入结点仅被使用 1 次。

**AU_002.dot:**

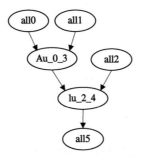

```
digraph G {
all0[opcode = all][input_max = 3][use_max = 1];
all1[opcode = all][input_max = 3][use_max = 1];
all2[opcode = all][input_max = 3][use_max = 1];
AU_0_3[opcode = au_0];
lu_2_4[opcode = lu_2];
all5[opcode = all];
all0 -> AU_0_3[operand = 0];
all1 -> AU_0_3[operand = 1];
AU_0_3 -> lu_2_4[operand = 0];
all2 -> lu_2_4[operand = 1];
lu_2_4 -> all5[operand = 0];
}
```

**AU_003.dot:**

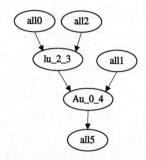

```
digraph G {
all0[opcode = all][input_max = 3][use_max = 1];
all1[opcode = all][input_max = 3][use_max = 1];
all2[opcode = all][input_max = 3][use_max = 1];
lu_2_3[opcode = lu_2][spcode = xor];
AU_0_4[opcode = au_0];
all5[opcode = all];
all0 -> lu_2_3[operand = 0];
all2 -> lu_2_3[operand = 1];
lu_2_3 -> AU_0_4[operand = 0];
all1 -> AU_0_4[operand = 1];
AU_0_4 -> all5[operand = 0];
}
```

针对 AU 算子的聚合模板 AU_003，其中抽象结点 lu_2_3 仅支持逻辑操作 xor（参 4.3.1 的第 3 小节），因此使用 spcode 属性限定所属结点 lu_2_3 支持的操作码。后述章节遵守相同的规定。

**AU_004.dot:**

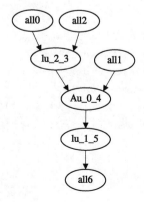

```
digraph G {
all0[ opcode = all ][ input_max = 3 ][ use_max = 1 ];
all1[ opcode = all ][ input_max = 3 ][ use_max = 1 ];
all2[ opcode = all ][ input_max = 3 ][ use_max = 1 ];
lu_2_3[ opcode = lu_2 ][ spcode = xor ];
AU_0_4[ opcode = au_0 ];
lu_1_5[ opcode = lu_1 ];
all6[ opcode = all ];
all0 -> lu_2_3[ operand = 0 ];
all2 -> lu_2_3[ operand = 1 ];
lu_2_3 -> AU_0_4[ operand = 0 ];
all1 -> AU_0_4[ operand = 1 ];
AU_0_4 -> lu_1_5[ operand = 0 ];
lu_1_5 -> all6[ operand = 0 ];
}
```

**AU_005.dot：**

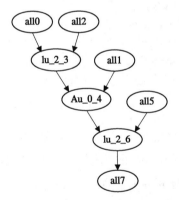

```
digraph G {
all0[ opcode = all ][ input_max = 3 ][ use_max = 2 ];
all1[ opcode = all ][ input_max = 3 ][ use_max = 2 ];
all2[ opcode = all ][ input_max = 3 ][ use_max = 2 ];
lu_2_3[ opcode = lu_2 ][ spcode = xor ];
AU_0_4[ opcode = au_0 ];
all5[ opcode = all ][ input_max = 3 ][ use_max = 2 ];
lu_2_6[ opcode = lu_2 ];
all7[ opcode = all ];
all0 -> lu_2_3[ operand = 0 ];
```

```
all2->lu_2_3[operand = 1];
lu_2_3->AU_0_4[operand = 0];
all1->AU_0_4[operand = 1];
AU_0_4->lu_2_6[operand = 0];
all5->lu_2_6[operand = 1];
lu_2_6->all7[operand = 0];
}
```

参 4.3.1 的第 3 小节对 AU 部件的结构描述,属性 input_max 和 use_max 分别指出此图的输入结点有 3 个,且每个输入结点最多被使用 2 次;抽象结点 lu_2_3 仅支持逻辑操作 xor,使用 spcode 属性限定其所支持的操作码。

### 5.4.2 二级 LU 算子聚合模板

**LU_2_1.dot:**

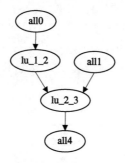

```
digraph G {
all0[opcode = all][input_max = 2][use_max = 2];
all1[opcode = all][input_max = 2][use_max = 2];
lu_1_2[opcode = lu_1];
lu_2_3[opcode = lu_2];
all4[opcode = all];
all0->lu_1_2[operand = 0];
all1->lu_2_3[operand = 0];
lu_1_2->lu_2_3[operand = 1];
lu_2_3->all4[operand = 0];
}
```

**LU_2_2.dot：**

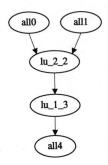

```
digraph G {
all0[opcode = all][input_max = 2][use_max = 2];
all1[opcode = all][input_max = 2][use_max = 2];
lu_2_2[opcode = lu_2];
lu_1_3[opcode = lu_1];
all4[opcode = all];
all0 -> lu_2_2[operand = 0];
all1 -> lu_2_2[operand = 1];
lu_2_2 -> lu_1_3[operand = 0];
lu_1_3 -> all4[operand = 0];
}
```

**LU_2_3.dot：**

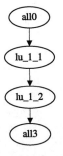

```
digraph G {
all0[opcode = all][input_max = 1][use_max = 1];
lu_1_1[opcode = lu_1];
lu_1_2[opcode = lu_1];
all3[opcode = all];
all0 -> lu_1_1[operand = 0];
```

lu_1_1->lu_1_2[operand = 0];
lu_1_2->all3[operand = 0];
}

LU_2_4.dot：

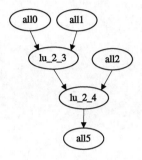

```
digraph G {
all0[opcode = all][input_max = 3][use_max = 2];
all1[opcode = all][input_max = 3][use_max = 2];
all2[opcode = all][input_max = 3][use_max = 2];
lu_2_3[opcode = lu_2];
lu_2_4[opcode = lu_2];
all5[opcode = all];
all0->lu_2_3[operand = 0];
all1->lu_2_3[operand = 1];
all2->lu_2_4[operand = 0];
lu_2_3->lu_2_4[operand = 1];
lu_2_4->all5[operand = 0];
}
```

LU_2_5.dot：

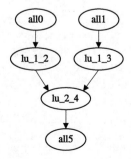

```
digraph G {
all0[opcode = all][input_max = 2][use_max = 1];
all1[opcode = all][input_max = 2][use_max = 1];
lu_1_2[opcode = lu_1];
lu_1_3[opcode = lu_1];
lu_2_4[opcode = lu_2];
all5[opcode = all];
all0 -> lu_1_2[operand = 0];
all1 -> lu_1_3[operand = 0];
lu_1_2 -> lu_2_4[operand = 0];
lu_1_3 -> lu_2_4[operand = 1];
lu_2_4 -> all5[operand = 0];
}
```

**LU_2_6.dot：**

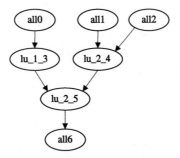

```
digraph G {
all0[opcode = all][input_max = 3][use_max = 2];
all1[opcode = all][input_max = 3][use_max = 2];
all2[opcode = all][input_max = 3][use_max = 2];
lu_1_3[opcode = lu_1];
lu_2_4[opcode = lu_2];
lu_2_5[opcode = lu_2];
all6[opcode = all];
all0 -> lu_1_3[operand = 0];
all1 -> lu_2_4[operand = 0];
all2 -> lu_2_4[operand = 1];
lu_1_3 -> lu_2_5[operand = 0];
lu_2_4 -> lu_2_5[operand = 1];
lu_2_5 -> all6[operand = 0];
}
```

**LU_2_7.dot：**

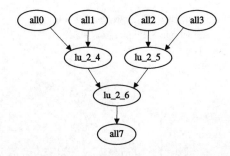

```
digraph G {
all0[opcode = all][input_max = 3][use_max = 2];
all1[opcode = all][input_max = 3][use_max = 2];
all2[opcode = all][input_max = 3][use_max = 2];
all3[opcode = all][input_max = 3][use_max = 2];
lu_2_4[opcode = lu_2];
lu_2_5[opcode = lu_2];
lu_2_6[opcode = lu_2];
all7[opcode = all];
all0 -> lu_2_4[operand = 0];
all1 -> lu_2_4[operand = 1];
all2 -> lu_2_5[operand = 0];
all3 -> lu_2_5[operand = 1];
lu_2_4 -> lu_2_6[operand = 0];
lu_2_5 -> lu_2_6[operand = 1];
lu_2_6 -> all7[operand = 0];
}
```

### 5.4.3　三级 LU 算子聚合模板

**LU_3_8.dot：**

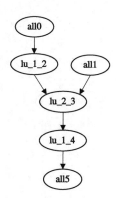

```
digraph G {
all0[opcode = all][input_max = 2][use_max = 2];
all1[opcode = all][input_max = 2][use_max = 2];
lu_1_2[opcode = lu_1];
lu_2_3[opcode = lu_2];
lu_1_4[opcode = lu_1];
all5[opcode = all];
all0 -> lu_1_2[operand = 0];
all1 -> lu_2_3[operand = 0];
lu_1_2 -> lu_2_3[operand = 1];
lu_2_3 -> lu_1_4[operand = 0];
lu_1_4 -> all5[operand = 0];
}
```

因 DOT 图的代码表现形式大致相同，为节省篇幅接下来仅展示 DOT 图的图形表示，DOT 图的代码表示略去不述。

**LU_3_9.dot：**

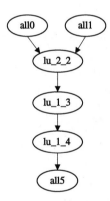

**LU_3_10.dot：**

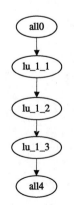

**LU_3_11.dot:**

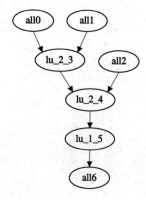

**LU_3_12.dot:**

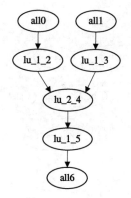

**LU_3_13.dot:**

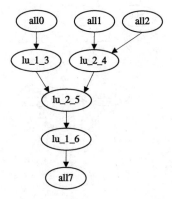

**LU_3_14.dot：**

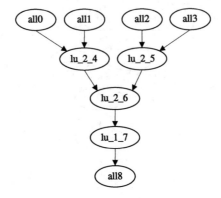

**LU_3_15.dot：**

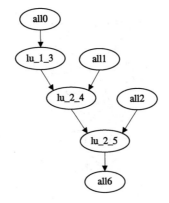

**LU_3_16.dot：**

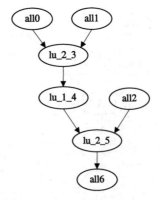

**LU_3_17.dot：**

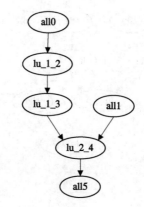

**LU_3_18.dot：**

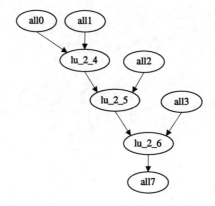

**LU_3_19.dot：**

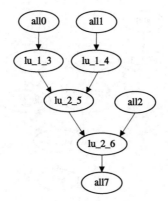

**LU_3_20.dot：**

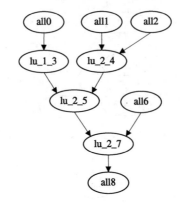

**LU_3_21.dot：**

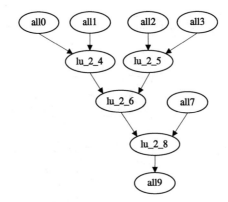

**LU_3_22.dot：**

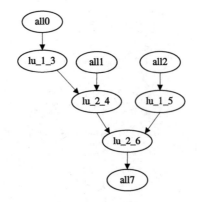

**LU_3_23.dot：**

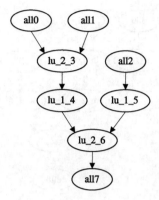

**LU_3_24.dot：**

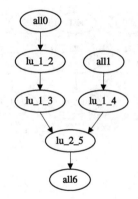

**LU_3_25.dot：**

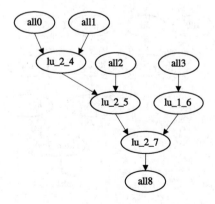

LU_3_26.dot：

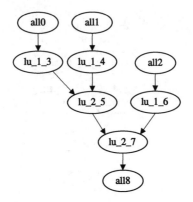

LU_3_27.dot：

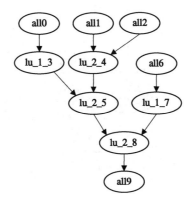

LU_3_28.dot：

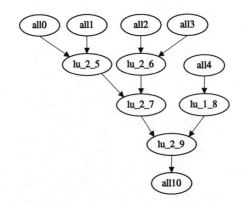

LU_3_29.dot：

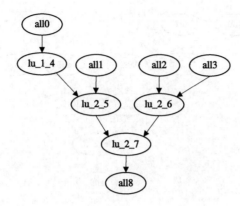

LU_3_30.dot：

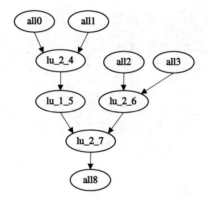

LU_3_31.dot：

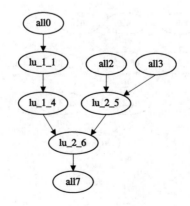

LU_3_32.dot：

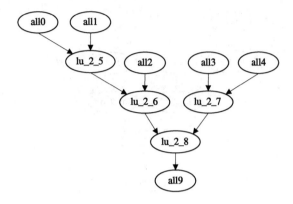

LU_3_33.dot：

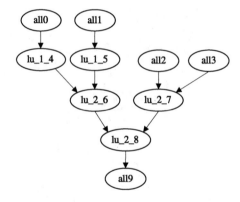

LU_3_34.dot：

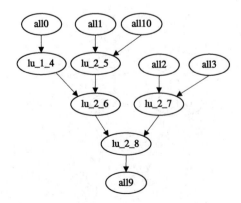

**LU_3_35.dot:**

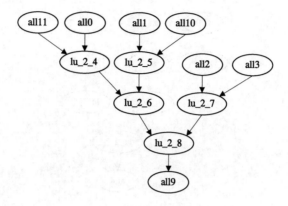

**LU_3_36.dot:**

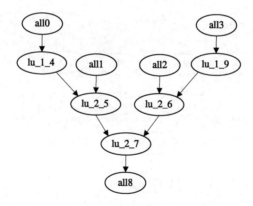

**LU_3_37.dot:**

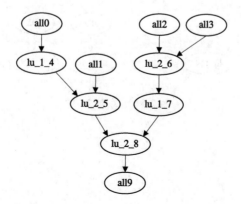

**LU_3_38.dot：**

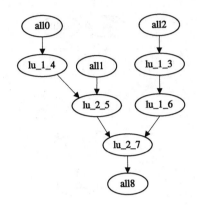

**LU_3_39.dot：**

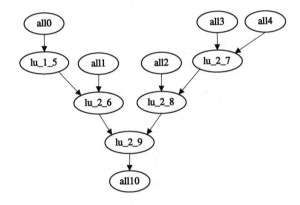

**LU_3_40.dot：**

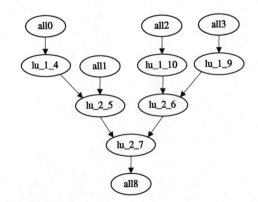

**LU_3_41.dot：**

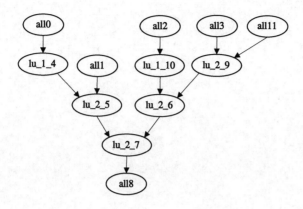

**LU_3_42.dot：**

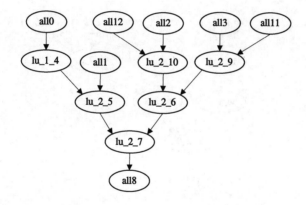

**LU_3_43.dot：**

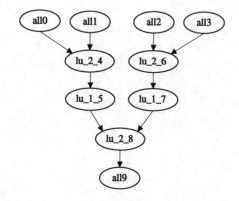

**LU_3_44.dot：**

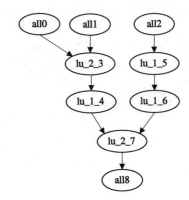

**LU_3_45.dot：**

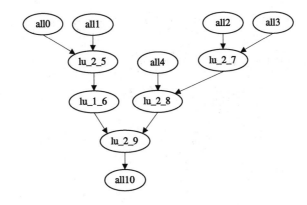

**LU_3_46.dot：**

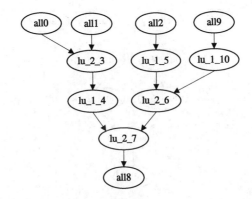

**LU_3_47.dot:**

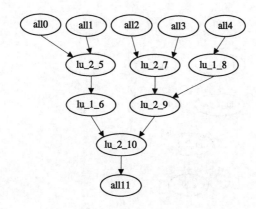

**LU_3_48.dot:**

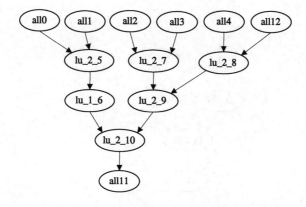

**LU_3_49.dot:**

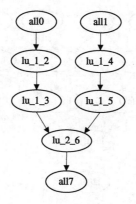

**LU_3_50.dot：**

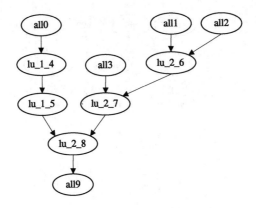

**LU_3_51.dot：**

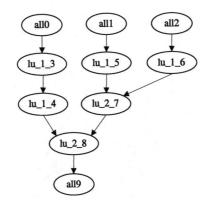

**LU_3_52.dot：**

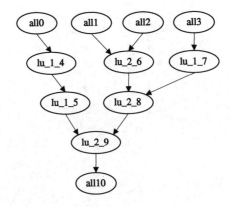

LU_3_53.dot：

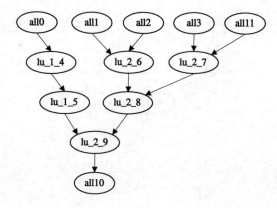

LU_3_54.dot：

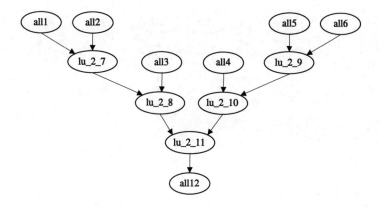

LU_3_55.dot：

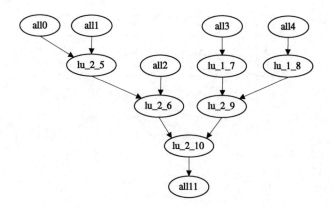

**LU_3_56.dot：**

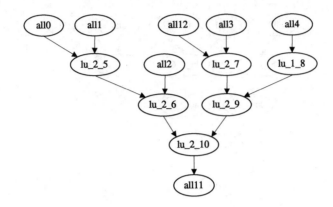

**LU_3_57.dot：**

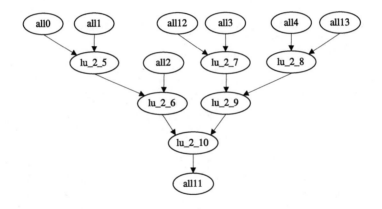

**LU_3_58.dot：**

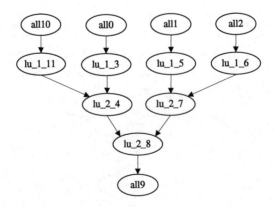

LU_3_59.dot：

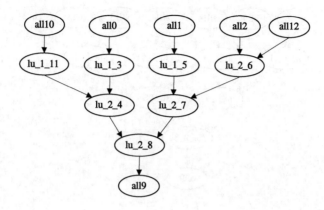

LU_3_60.dot：

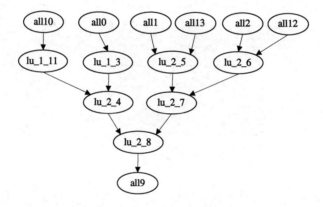

LU_3_61.dot：

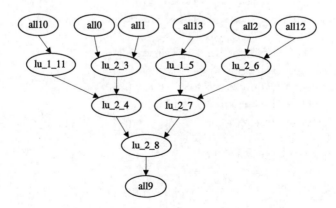

**LU_3_62.dot:**

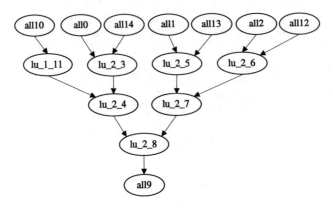

**LU_3_63.dot:**

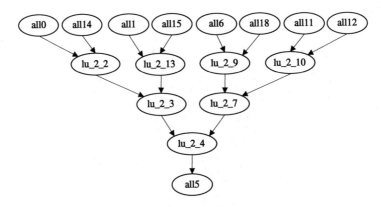

```
digraph G {
all0[opcode = all][input_max = 3][use_max = 2];
all1[opcode = all][input_max = 3][use_max = 2];
all6[opcode = all][input_max = 3][use_max = 2];
all8[opcode = all][input_max = 3][use_max = 2];
all11[opcode = all][input_max = 3][use_max = 2];
all112[opcode = all][input_max = 3][use_max = 2];
all114[opcode = all][input_max = 3][use_max = 2];
all115[opcode = all][input_max = 3][use_max = 2];
lu_2_2[opcode = lu_2];
lu_2_3[opcode = lu_2];
lu_2_4[opcode = lu_2];
all5[opcode = all];
lu_2_7[opcode = lu_2];
lu_2_9[opcode = lu_2];
```

```
lu_2_10[opcode = lu_2];
lu_2_13[opcode = lu_2];
all0->lu_2_2[operand = 0];
all14->lu_2_2[operand = 1];
all1->lu_2_13[operand = 0];
all15->lu_2_13[operand = 1];
lu_2_2->lu_2_3[operand = 0];
lu_2_13->lu_2_3[operand = 1];
all6->lu_2_9[operand = 0];
all8->lu_2_9[operand = 1];
all11->lu_2_10[operand = 0];
all12->lu_2_10[operand = 1];
lu_2_9->lu_2_7[operand = 0];
lu_2_10->lu_2_7[operand = 1];
lu_2_7->lu_2_4[operand = 0];
lu_2_3->lu_2_4[operand = 1];
lu_2_4->all5[operand = 0];
}
```

### 5.4.4　SU 模式—算子聚合模板

**SU_0_1.dot：**

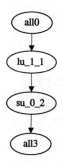

```
digraph G {
all0[opcode = all][input_max = 1][use_max = 1];
lu_1_1[opcode = lu_1];
su_0_2[opcode = su_0];
all3[opcode = all];
all0->lu_1_1[operand = 0];
lu_1_1->su_0_2[operand = 0];
su_0_2->all3[operand = 0];
}
```

**SU_0_2.dot:**

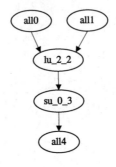

```
digraph G {
all0[opcode = all][input_max = 2][use_max = 1];
all1[opcode = all][input_max = 2][use_max = 1];
lu_2_2[opcode = lu_2];
su_0_3[opcode = su_0];
all4[opcode = all];
all0 -> lu_2_2[operand = 0];
all1 -> lu_2_2[operand = 1];
lu_2_2 -> su_0_3[operand = 0];
su_0_3 -> all4[operand = 0];
}
```

### 5.4.5 SU 模式二算子聚合模板

本小结模板图中的抽象结点 lu_2_4 仅支持逻辑操作 xor，使用 spcode 属性限定其支持的操作码，参见 4.3.1 的第 4 小节的 SU 算子结构图。

**SU_1_3.dot:**

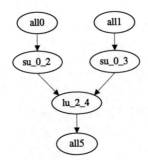

**SU_1_4.dot：**

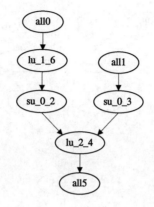

**SU_1_5.dot：**

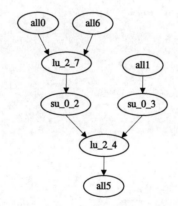

**SU_1_6.dot：**

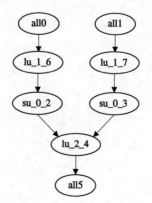

SU_1_7.dot：

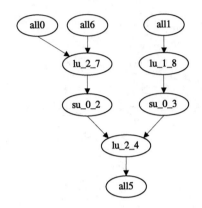

```
digraph G {
all0[opcode = all][input_max = 3][use_max = 1];
all1[opcode = all][input_max = 3][use_max = 1];
su_0_2[opcode = su_0];
su_0_3[opcode = su_0];
lu_2_4[opcode = lu_2][spcode = xor];
all5[opcode = all];
all6[opcode = all][input_max = 3][use_max = 1];
lu_2_7[opcode = lu_2];
lu_1_8[opcode = lu_1];
all0 -> lu_2_7[operand = 0];
all6 -> lu_2_7[operand = 1];
lu_2_7 -> su_0_2[operand = 0];
all1 -> lu_1_8[operand = 0];
lu_1_8 -> su_0_3[operand = 0];
su_0_2 -> lu_2_4[operand = 0];
su_0_3 -> lu_2_4[operand = 1];
lu_2_4 -> all5[operand = 0];
}
```

**SU_1_8.dot：**

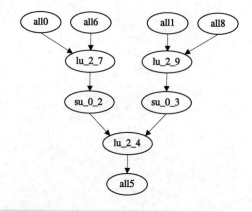

```
digraph G {
all0[opcode = all][input_max = 3][use_max = 2];
all1[opcode = all][input_max = 3][use_max = 2];
su_0_2[opcode = su_0];
su_0_3[opcode = su_0];
lu_2_4[opcode = lu_2][spcode = xor];
all5[opcode = all];
all6[opcode = all][input_max = 3][use_max = 2];
lu_2_7[opcode = lu_2];
all8[opcode = all][input_max = 3][use_max = 2];
lu_2_9[opcode = lu_2];
all0 -> lu_2_7[operand = 0];
all6 -> lu_2_7[operand = 1];
lu_2_7 -> su_0_2[operand = 0];
all1 -> lu_2_9[operand = 0];
all8 -> lu_2_9[operand = 1];
lu_2_9 -> su_0_3[operand = 0];
su_0_2 -> lu_2_4[operand = 0];
su_0_3 -> lu_2_4[operand = 1];
lu_2_4 -> all5[operand = 0];
}
```

### 5.4.6　SU 模式三算子聚合模板

本小结模板图中的抽象结点 lu_2_4 仅支持逻辑操作 xor，使用 spcode 属性限定其所支持的操作码，参见 4.3.1 第 4 小节的 SU 算子结构图。

SU_2_9.dot：

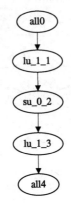

SU_2_10.dot：

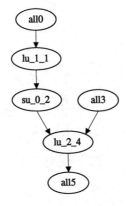

SU_2_11.dot：

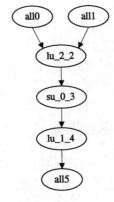

SU_2_12.dot:

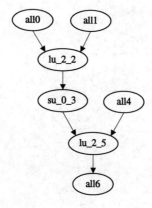

SU_2_13.dot:

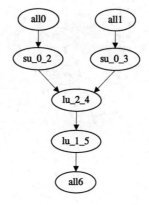

SU_2_14.dot:

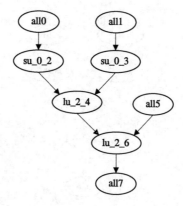

SU_2_15.dot：

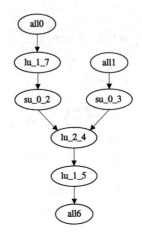

SU_2_16.dot：

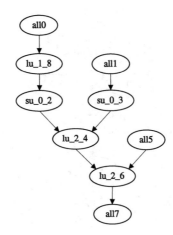

SU_2_17.dot：

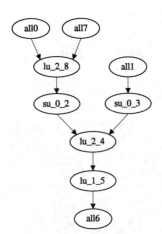

SU_2_18.dot：

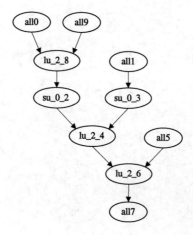

SU_2_19.dot：

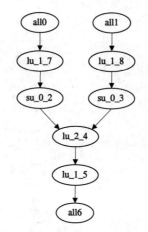

SU_2_20.dot：

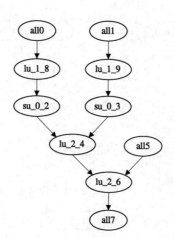

SU_2_21.dot：

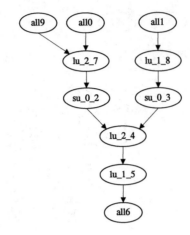

SU_2_22.dot：

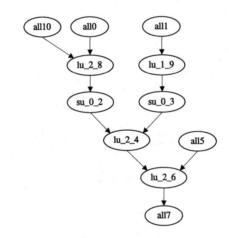

SU_2_23.dot：

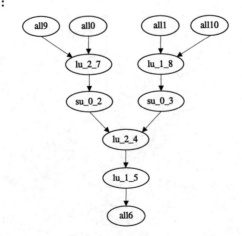

**SU_2_24.dot:**

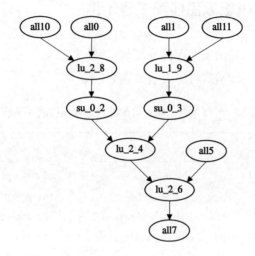

**SU_2_25.dot:**

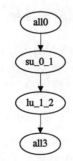

**SU_2_26.dot:**

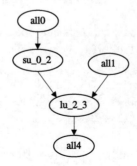

## 5.5　算子基本模板库图匹配工程示例

根据 4.3.3 节阐述的图匹配配套算法(算法 1 至算法 5)实施算子基本模板库图匹配,算法和系统函数对应关系见表 5-4。

表 5-4　算子基本模板匹配算法与系统函数关系表

| 算法名称 | 函数名称 | 功能说明 |
| --- | --- | --- |
| Basic_main_control | recovery_basic_operator | 算子基本模板匹配总控算法 |
| Graph_matching | graph_matching | 图匹配算法 |
| Node_matching | node_set_matching | 结点匹配算法 |
| Node_matching_up | node_set_matching_up | 结点向上匹配算法 |
| Basic_operator_recovery | recover_adjust_graph | 基本算子恢复算法 |

### 5.5.1　算子基本模板匹配总控函数

算子基本模板匹配总控函数 recovery_basic_operator 的输入参数有三个:① $opgraph$ 为待处理 DFG 图;② $graph\_lib$ 为算子基本模板库;③ $recovery\_order$ 为图匹配优先级序列。

函数 recovery_basic_operator 按优先级从高到低,依次从算子基本模板库中取出某模板 $sub\_opgraph$ 对 $opgraph$ 进行匹配处理,见代码 3 至 7 行;第 8 行的 while 循环控制对 $opgraph$ 进行重复匹配处理,直到 $opgraph$ 不再发生变化;第 15 行代码控制对 $opgraph$ 的所有结点进行遍历匹配处理;第 17 行代码调用图匹配函数 graph_matching 实施图匹配操作。

```
1.  void recovery_basic_operator(OpGraph *opgraph, std::map<std::stri
    ng, OpGraph*> &graph_lib, std::vector<std::string> &recovery_orde
    r)
2.  {
3.      for(auto op_name = recovery_order.begin(); op_name != rec
    overy_order.end(); op_name++)
4.      {
5.          std::string sub_graph_name = *op_name;
6.          OpGraph *sub_opgraph = graph_lib[sub_graph_name];
```

```
7.          bool repeat_flag = true;
8.          while(repeat_flag)
9.          {
10.             repeat_flag = false;
11.             int graph_size = opgraph->op_nodes.size();
12.             int sub_graph_size = sub_opgraph->op_nodes.size();
13.             if(graph_size < sub_graph_size)
14.                 break;
15.             for(auto it_n = opgraph->op_nodes.begin(); it_n != opgraph->op_nodes.end(); it_n++)
16.             {
17.                 bool suc_flag = graph_matching(opgraph, *it_n, sub_opgraph, *op_name);
18.                 if(suc_flag)
19.                 {
20.                     repeat_flag = true;
21.                     break;    // recover a operator, the opgraph has been changed. Repeat until no change.
22.                 }
23.             }
24.         }
25.     }
26. }
```

### 5.5.2 算子基本模板匹配函数

算子基本模板匹配总控函数 graph_matching 的输入参数有四个：① *opgraph* 为待处理 DFG 图；② *base_n* 为母图 *opgraph* 中的待匹配结点；③ *sub_opgraph* 为算子基本模板图；④ *op_name* 为模板图的模板名称,用于基本算子恢复。

函数 graph_matching 遍历寻找模板图 *sub_opgraph* 中的输入结点与母图结点 *base_n* 结对开始匹配,结对匹配的判断条件见代码第 12 行,需要声明的是模板中的 all 结点都被转换成了 nop 结点,即万能结点——可以和所有结点匹配；第 14 至 16 行代码设置结点处理标记,表明此结点已经处理过了；第 17 行代码调用 node_set_matching 函数进行实质性的结点匹配处理；第 19 至 22 行代码判断匹配是否成功,如果匹配的结点数等于模板图的结点数则匹配成功,并设置匹配成功标识 *suc_flag*；第 24 至 37 行代码根据具体情况重置结点匹配信息；第 44 行代码调用 recover_adjust_graph 函数根据匹配成功的信

息对 *opgraph* 图进行基本算子恢复调整；第 46 行返回匹配成功与否的结果标识 *suc_flag*。

```cpp
1.  bool graph_matching(OpGraph *opgraph, OpGraphOp *base_n, OpGraph *sub_opgraph, std::string op_name)
2.  {
3.      bool suc_flag = false;
4.      int sub_node_num = sub_opgraph->op_nodes.size();
5.      int num = 1;
6.      OpGraphOp *dst[1] = {NULL};
7.
8.      for(auto it = sub_opgraph->op_nodes.begin(); it != sub_opgraph->op_nodes.end(); it++)
9.      {
10.         if((*it)->input.size() == 0)    // 从模板图的输入结点开始匹配
11.         {
12.             if((*it)->opcode == OPGRAPH_OP_NOP || (((*it)->opcode == base_n->opcode && (*it)->opcode != OPGRAPH_OP_CONST) || ((*it)->opcode == base_n->opcode && (*it)->opcode == OPGRAPH_OP_CONST && (*it)->const_value == base_n->const_value)))
13.             {
14.                 (*it)->exps = "done";
15.                 base_n->exps = "done";
16.                 base_n->second_opcode = (*it)->second_opcode;
17.                 node_set_matching(base_n, base_n, *it, num, sub_node_num, dst, false);
18.             }
19.             if(num == sub_node_num)
20.             {
21.                 suc_flag = true;
22.             }
23.             // Restore the check information.
24.             for(auto it = sub_opgraph->op_nodes.begin(); it != sub_opgraph->op_nodes.end(); it++)
25.                 (*it)->exps = "";
26.             if(!suc_flag)
27.             {
28.                 for(auto it = opgraph->op_nodes.begin(); it != opgraph->op_nodes.end(); it++)
29.                     if((*it)->exps == "done")
```

```
30.         {
31.             (*it)->exps = "";
32.             (*it)->done_set.clear();
33.             (*it)->second_opcode = OPGRAPH_OP_NOP;
34.         }
35.     }
36.     else
37.       break;
38.     }
39. }
40.
41. // recover operator
42. if(suc_flag)
43. {
44.    suc_flag = recover_adjust_graph(opgraph, base_n, dst, op_name);        // check if it recovery successful.
45. }
46. return suc_flag;
47. }
```

### 5.5.3 结点匹配函数

结点匹配函数 node_set_matching 的输入参数有七个：① $start\_c\_n$ 为母图 $opgraph$ 中的匹配入口结点；② $current\_n$ 为母图 $opgraph$ 中的当前结点；③ $pair\_n$ 为模板图 $sub\_opgraph$ 的当前结点；④ $num$ 为当前已匹配成功的结点数；⑤ $sub\_node\_num$ 为模板图 $sub\_opgraph$ 的结点数；⑥ $dst$ 用于存储算子目标结点；⑦ $agg\_flag$ 为标记变量，标记结点匹配函数是被何模块调用，为假时用于算子基本模板匹配，为真时用于算子聚合模板匹配。

函数 node_set_matching 根据母图 $current\_n$ 结点与母图 $start\_c\_n$ 匹配入口结点的关系，分情况进行匹配处理：① 当 $current\_n$ 是 $start\_c\_n$ 结点时，仅处理 $current\_n$ 的所有子结点即可，见代码 4 至 45 行；② 当 $current\_n$ 不是 $start\_c\_n$ 结点时，需先处理 $current\_n$ 的所有父结点，再根据具体情况选择是否处理 $current\_n$ 的所有子结点，见代码 46 至 123 行。

当 $current\_n$ 是 $start\_c\_n$ 结点时，遍历 $pair\_n$ 的子结点 $it\_p$ 和 $current\_n$ 的子结点 $it\_c$ 进行配对匹配，处理之前需重置 $current\_n$ ->$done\_set$ 的值见代码 11 行；如果 $it\_p$ 与 $it\_c$ 匹配成功，匹配数加一并设置结点处理标记，见 14 至 18 行代码；如果匹配数达到了 $sub\_node\_num$，设置母图当前

结点为 $dst$，否则递归调用结点匹配函数 node_set_matching；当没有匹配成功时，调用函数 node_reset_matching 进行结点信息复位，见第 28 至 37 行代码。

```
1.  void node_set_matching(OpGraphOp *start_c_n, OpGraphOp *current_n
    , OpGraphOp *pair_n, int &num, int sub_node_num, OpGraphOp **dst,
     bool agg_flag)
2.  {
3.      int tmp_n = num;
4.      if(start_c_n == current_n)
5.      {
6.          continue_flag = false;
7.          for(auto it_p = pair_n->output->output.begin(); it_p != pa
    ir_n->output->output.end(); it_p++)
8.          {
9.           for(auto it_c = current_n->output->output.begin(); it_c !
    = current_n->output->output.end(); it_c++)
10.          {
11.          current_n->done_set.clear(); //reset current_n->done_set.
12.          if((*it_p)->opcode == (*it_c)->opcode)
13.          {
14.           tmp_n += 1;
15.           (*it_c)->exps = "done";
16.           (*it_p)->exps = "done";
17.           (*it_c)->second_opcode = (*it_p)->second_opcode;
18.           current_n->done_set.insert(*it_c);
19.           if(tmp_n != sub_node_num)
20.            node_set_matching(start_c_n, *it_c, *it_p, tmp_n, sub_
    node_num, dst, agg_flag);
21.           else
22.            dst[0] = current_n;
23.           if(tmp_n == sub_node_num)
24.           {
25.            num = tmp_n;
26.            continue_flag = true;
27.           }
28.          else
29.          {                                    // matching fail,
    reset corresponding nodes.
30.           (*it_c)->exps = "";
31.           (*it_c)->done_set.clear();
```

```
32.              (*it_c)->second_opcode = OPGRAPH_OP_NOP;
33.              (*it_p)->exps = "";
34.              tmp_n = 2;
35.              node_reset_matching(current_n, pair_n, *it_c, *it_p, t
    mp_n, sub_node_num);
36.              tmp_n = num;
37.            }
38.          }
39.          if(continue_flag == true)
40.            break;
41.        }
42.        if(continue_flag == true)
43.          break;
44.      }
45.    }
46.    else
47.    {
48.      if(pair_n->input.size() == current_n->input.size() && pair_
    n->output != NULL  && ((pair_n->output->output.size() == current_
    n->output->output.size() && (pair_n->output->output[0]->opcode !=
     OPGRAPH_OP_NOP || agg_flag)) || (pair_n->output->output.size() <
    = current_n->output->output.size() && pair_n->output->output[0]->
    opcode == OPGRAPH_OP_NOP)))
49.      {
50.        bool continue_flag = true;
51.        // here do it parent
52.        for(auto it_p_e = pair_n->input.begin(); it_p_e != pair_n-
    >input.end(); it_p_e++)
53.        {
54.          auto it_p = (*it_p_e)->input;
55.          if(it_p->exps != "done")
56.          {
57.            bool not_match_flag = false;
58.            for(auto it_c_e = current_n->input.begin(); it_c_e != cu
    rrent_n->input.end(); it_c_e++)
59.            {
60.              auto it_c = (*it_c_e)->input;
61.              bool done_flag1 = done_flag_check(it_c, current_n);
62.              if(!done_flag1)
63.              {
```

```
64.            if(it_p->opcode == OPGRAPH_OP_NOP || ((it_p->opcode ==
    it_c->opcode && it_p->opcode != OPGRAPH_OP_CONST)
65. || (it_p->opcode == it_c->opcode && it_p->opcode == OPGRAPH_OP_CO
    NST && (it_p->const_value == it_c->const_value || pair_n->opcode
     == OPGRAPH_OP_SHRA || pair_n->opcode == OPGRAPH_OP_SHRL || pair_n
    ->opcode == OPGRAPH_OP_SHL))))
66.            {
67.                tmp_n += 1;
68.                it_c->exps = "done";
69.                it_c->done_set.insert(current_n);
70.                it_p->exps = "done";
71.                it_c->second_opcode = it_p->second_opcode;
72.                node_set_matching_up(it_c, it_p, tmp_n, continue_flag
    );
73.                if(!continue_flag)
74.                {
75.                 not_match_flag = true;
76.                }
77.                else
78.                 not_match_flag = false;
79.                break;
80.            }
81.            else
82.                not_match_flag = true;
83.           }
84.         }
85.         if(not_match_flag)
86.            continue_flag = false;
87.       }
88.     }
89.
90.     // here do it child
91.     if(continue_flag)
92.     {
93.         continue_flag = false;
94.         for(auto it_p = pair_n->output->output.begin(); it_p !=
    pair_n->output->output.end(); it_p++)
95.         {
96.            for(auto it_c = current_n->output->output.begin(); it_c
    != current_n->output->output.end(); it_c++)
```

```
97.          {
98.              if((*it_p)->opcode == OPGRAPH_OP_NOP || (((*it_p)->opc
    ode == (*it_c)->opcode && (*it_p)->opcode != OPGRAPH_OP_CONST) ||
    ((*it_p)->opcode == (*it_c)->opcode && (*it_p)->opcode == OPGRAP
    H_OP_CONST && (*it_p)->const_value == (*it_c)->const_value)))
99.              {
100.                 tmp_n += 1;
101.                 (*it_c)->exps = "done";
102.                 (*it_p)->exps = "done";
103.                 (*it_c)->second_opcode = (*it_p)->second_opcode;
104.                 current_n->done_set.insert(*it_c);
105.                 if(tmp_n != sub_node_num)
106.                   node_set_matching(start_c_n, *it_c, *it_p, tmp_n, s
    ub_node_num, dst, agg_flag);
107.                 else
108.                   dst[0] = current_n;
109.                 if(tmp_n == sub_node_num)
110.                 {
111.                   num = tmp_n;
112.                   continue_flag = true;
113.                 }
114.               }
115.               if(continue_flag == true)
116.                 break;
117.             }
118.             if(continue_flag == true)
119.               break;
120.           }
121.         }
122.       }
123.     }
124. }
```

当 current_n 不是 start_c_n 结点时需分两步操作：

① 先处理 current_n 的所有父结点，遍历 pair_n 的父结点 it_p 和 current_n 的父结点 it_c 进行配对匹配，首先判断结点 it_p 是否未经处理（见代码第 55 行）及节点对 <it_c, current_n> 是否未经处理（见代码 61、62 行）；如果都未处理且 it_p 与 it_c 匹配成功，匹配数加一并设置结点处理标记（见 67 至 71 行代码），并调用函数 node_set_matching_up 对更深层的父结点进行

递归处理；根据匹配情况设置标识变量 $continue\_flag$ 的值。

② 如果第一步完成后 $continue\_flag$ 的值为真，则进行类似于 $current\_n$ 是 $start\_c\_n$ 结点时的处理流程，遍历 $pair\_n$ 的子结点 $it\_p$ 和 $current\_n$ 的子结点 $it\_c$ 进行配对匹配处理。区别在于：匹配失败时不进行结点信息复位处理。

### 5.5.4 结点向上匹配函数

结点向上匹配函数 node_set_matching_up 的输入参数有四个：① $current\_n$ 为母图 $opgraph$ 中的当前结点；② $pair\_n$ 为模板图 $sub\_opgraph$ 的当前结点；③ $num$ 为当前已匹配成功的结点数；④ $continue\_flag$ 为标记变量，标记匹配成功与否，真为成功，假为失败。

函数 node_set_matching_up 遍历 $pair\_n$ 的父结点 $it\_p$ 和 $current\_n$ 的父结点 $it\_c$ 进行配对匹配，首先判断结点 $it\_p$ 是否未经处理（见代码第 7 行）及节点对 $<it\_c, current\_n>$ 是否未经处理（见代码 13、14 行）；如果都未处理且 $it\_p$ 与 $it\_c$ 匹配成功，匹配数加一并设置结点处理标记（见 19 至 22 行代码），并调用函数 node_set_matching_up 对更深层的父结点进行递归处理；根据匹配情况设置标识变量 $continue\_flag$ 的值。

```
1.  void node_set_matching_up(OpGraphOp *current_n, OpGraphOp *pair_n
    , int &num, bool &continue_flag)
2.  {
3.      int tmp_n = num;
4.      for(auto it_p_e = pair_n->input.begin(); it_p_e != pair_n->i
    nput.end(); it_p_e++)
5.      {
6.          auto it_p = (*it_p_e)->input;
7.          if(it_p->exps != "done")
8.          {
9.              bool not_match_flag = false;
10.             for(auto it_c_e = current_n->input.begin(); it_c_e != cur
    rent_n->input.end(); it_c_e++)
11.             {
12.                 auto it_c = (*it_c_e)->input;
13.                 bool done_flag1 = done_flag_check(it_c, current_n);
14.                 if(!done_flag1)
```

```
15.            {
16.                 if(it_p->opcode == OPGRAPH_OP_NOP || ((it_p->opco
   de == it_c->opcode && it_p->opcode != OPGRAPH_OP_CONST) || (it_p-
   >opcode == it_c->opcode && it_p->opcode == OPGRAPH_OP_CONST && (i
   t_p->const_value == it_c->const_value || pair_n->opcode == OPGRAP
   H_OP_SHRA || pair_n->opcode == OPGRAPH_OP_SHRL || pair_n->opcode
   == OPGRAPH_OP_SHL))))
17.                 {
18.                     tmp_n += 1;
19.                     it_c->exps = "done";
20.                     it_c->done_set.insert(current_n);
21.                     it_p->exps = "done";
22.                     it_c->second_opcode = it_p->second_opcode;
23.                     node_set_matching_up(it_c, it_p, tmp_n, contin
   ue_flag);
24.                     not_match_flag = false;
25.                     break;
26.                 }
27.                 else
28.                     not_match_flag = true;
29.             }
30.         }
31.         if(not_match_flag)
32.             continue_flag = false;
33.     }
34.   }
35.   num = tmp_n;
36. }
```

### 5.5.5 基本算子恢复函数

基本算子恢复函数 recover_adjust_graph 的输入参数有三个：① 母图 $opgraph$；② $dst$ 为算子目标结点；③ $op\_name$ 为匹配算子基本模板的名字。

函数 recover_adjust_graph 第 6 至 29 行代码收集母图中匹配成功的结点（属性值 $exps$ 为"done"的结点）集合 $node\_vect$，并进行内部结点标记；第 32 至 40 行代码对内部结点的真假进行复核；第 43 至 47 行代码根据 $node\_vect$ 获取输出结点集合 $dst\_out\_node$；第 48 至 61 行代码判断匹配获得的结果是否真的可以接受并进行基本算子恢复，判断的依据是所有内部结点的子结点不能是 node_vect 之外的结点,而且必为 dst_out_node 中的结点;第 64 至 104 行代码进行实质性的基本算子恢复操作,设置 dst 结点输入数据的结点和边,删除内部结点及相关边,同时根据 op_name 设置 dst 结点的操作码;第 107 至 116 行代码重置和本次匹配相关的结点的匹配信息。

```
1.  int recover_adjust_graph(OpGraph *opgraph, OpGraphOp **dst, std::
    string op_name)
2.  {
3.      std::vector<OpGraphOp *> node_vect;
4.      ……        // 省略去了部分处理 const 结点的代码
5.      // Tag internal nodes
6.      for(auto it_n = opgraph->op_nodes.begin(); it_n != opgraph->
    op_nodes.end(); it_n++)
7.      {
8.          if((*it_n)->exps == "done")
9.          {
10.             node_vect.push_back(*it_n);
11.             int internal_flag = 0;
12.             for(auto it_pe = (*it_n)->input.begin(); it_pe != (*it_n)-
    >input.end(); it_pe++)
13.             {
14.                 if((*it_pe) != NULL && ((*it_pe)->input->exps == "done" &
    & (*it_pe)->input->done_set.find(*it_n) != (*it_pe)->input->done_
    set.end()))
15.                 { internal_flag = 1; break; }
16.             }
17.             if(internal_flag == 1)
18.             {
19.                 internal_flag = 0;
20.                 for(auto it_cn = (*it_n)->output->output.begin(); it_cn !
    = (*it_n)->output->output.end(); it_cn++)
21.                 {
22.                     if((*it_cn)->exps == "done" && (*it_cn)->opcode != OPGRA
    PH_OP_PHI)
23.                     { internal_flag = 1; break; }
24.                 }
25.             }
26.             if(internal_flag == 1 && *it_n != dst[0])
27.                 (*it_n)->internal_flag = 1;
```

```
28.         }
29.       }
30.
31.       // check if it is real internal node
32.       for(auto it_n = node_vect.begin(); it_n != node_vect.end(); it_n++)
33.       {
34.         if((*it_n)->internal_flag == 1)
35.         {
36.           for(auto it_e = (*it_n)->input.begin(); it_e != (*it_n)->input.end(); it_e++)
37.             if((*it_e)->input->exps != "done")
38.               { (*it_n)->internal_flag = 0; break; }
39.         }
40.       }
41.
42.       // check if it can be recovered.
43.       bool adjust_flag = true;
44.       std::vector<OpGraphOp*> dst_out_node;
45.       for(auto it_n = dst[0]->output->output.begin(); it_n != dst[0]->output->output.end(); it_n++)
46.         if((*it_n)->exps == "done")
47.           dst_out_node.push_back(*it_n);
48.       for(auto it_n = node_vect.begin(); it_n != node_vect.end(); it_n++)
49.       {
50.         if((*it_n)->internal_flag == 1)
51.         {
52.           for(auto it_cn = (*it_n)->output->output.begin(); it_cn != (*it_n)->output->output.end(); it_cn++)
53.           {
54.             std::vector<OpGraphOp*>::iterator iter = std::find(dst_out_node.begin(), dst_out_node.end(), *it_cn);
55.             if((*it_cn)->exps != "done" || ((*it_cn)->exps == "done" && iter != dst_out_node.end()))
56.               { adjust_flag = false; break; }
57.           }
58.         if(adjust_flag == false)
59.           break;
60.       }
```

```
61.        }
62.
63.        // real adjust graph.
64.        if(adjust_flag)
65.        {
66.            // compute the level of input data (nodes) to dst[0].
67.            auto start_n = dst[0];
68.            int start_level = 0;
69.            start_level = compute_node_level_from_dst(start_n, start_le
    vel);
70.            std::vector<OpGraphVal*> dst_input;
71.            while(start_level > 0)
72.            {
73.                for(auto it_n = node_vect.begin(); it_n != node_vect.end()
    ; it_n++)
74.                {
75.                    if((*it_n)->internal_flag == 0 && (*it_n)->level == start
    _level)
76.                    {
77.                        ......;   // 设置输入数据结点及边 dst_input
78.                    }
79.                }
80.                start_level--;
81.            }
82.            dst[0]->input.clear();
83.            for(auto it_e = dst_input.begin(); it_e != dst_input.end();
    it_e++)
84.                dst[0]->input.push_back(*it_e);
85.
86.            // delete internal nodes.
87.            reapt_flag = true;
88.            while(reapt_flag)
89.            {
90.                reapt_flag = false;
91.                for(auto it_n = node_vect.begin(); it_n != node_vect.end()
    ; it_n++)
92.                {
93.                    if((*it_n)->internal_flag == 1)
94.                    {
95.                        delete_node_edge(opgraph, *it_n);
```

```
96.            std::remove(std::begin(node_vect), std::end(node_vect),
    *it_n);
97.            node_vect.pop_back();
98.            reapt_flag = true;
99.            break;
100.        }
101.      }
102.    }
103.    set_name_opcode_by_str(dst[0], op_name);
104.  }
105.
106.  // Clear internal_flag and exps of "done".
107.  for(auto it_n = opgraph->op_nodes.begin(); it_n != opgraph-
    >op_nodes.end(); it_n++)
108.  {
109.    if((*it_n)->exps == "done")
110.    {
111.      (*it_n)->exps = "";
112.      (*it_n)->done_set.clear();
113.      (*it_n)->internal_flag = 0;
114.      (*it_n)->level = 0;
115.    }
116.  }
117.
118.  return adjust_flag;
119. }
```

## 5.6 算子聚合工程示例

根据 4.3.4 节阐述的算子聚合配套算法实施算子聚合模板库图匹配，算法和系统函数对应关系见表 5-5。

表 5-5 算子聚合算法与系统函数关系表

| 算法名称 | 函数名称 | 功能说明 |
| --- | --- | --- |
| Aggregate_main_control | aggregation_operator | 算子聚合模板匹配总控算法 |
| Graph_matching_aggregate | aggregation_graph_matching | 图匹配算法，用于算子聚合 |

续表

| 算法名称 | 函数名称 | 功能说明 |
|---|---|---|
| Node_matching | node_set_matching | 结点匹配算法 |
| Node_matching_up | node_set_matching_up | 结点向上匹配算法 |
| LU_abstract_transformation | LU_opcode_translation | LU 算子抽象转换算法 |
| LU_abstract_recovery | LU_opcode_recovery | LU 抽象算子还原算法 |

### 5.6.1 LU 算子抽象转换函数

算子聚合模块基于算子基本模板匹配生成的基本算子 DFG 图进行算子聚合操作,进行算子聚合之前须对 DFG 图进行操作码的抽象转换,原因参见 4.3.2 的第 4 小节的阐述。具体工作是备份结点的原操作码,并设置结点的新的抽象操作码。

LU 算子抽象转换函数 LU_opcode_translation 的输入参数只有一个:基本算子 DFG 图 $opgraph$。

函数 LU_opcode_translation 的代码简单明了,针对 LU 基本算子和 SU 基本算子分情况进行处理,此处不再赘述。

```
1.  void LU_opcode_translation(OpGraph * opgraph)
2.  {
3.      for(auto it_n = opgraph->op_nodes.begin(); it_n != opgraph->op_nodes.end(); it_n++)
4.      {
5.          if((*it_n)->opcode == OPGRAPH_OP_LU_001)
6.          {
7.              (*it_n)->opcode_bak = (*it_n)->opcode;
8.              (*it_n)->opcode = OPGRAPH_OP_LU_1;
9.              (*it_n)->name_bak = (*it_n)->name;
10.             (*it_n)->name << (*it_n)->opcode;
11.         }
12.         else if((*it_n)->opcode > OPGRAPH_OP_LU_001 && (*it_n)->opcode <= OPGRAPH_OP_LU_111)
13.         {
14.             (*it_n)->opcode_bak = (*it_n)->opcode;
15.             (*it_n)->opcode = OPGRAPH_OP_LU_2;
16.             (*it_n)->name_bak = (*it_n)->name;
```

```
17.             (*it_n)->name << (*it_n)->opcode;
18.         }
19.         else if((*it_n)->opcode >= OPGRAPH_OP_SU_00 && (*it_n)->opc
    ode <= OPGRAPH_OP_SU_11)
20.         {
21.             (*it_n)->opcode_bak = (*it_n)->opcode;
22.             (*it_n)->opcode = OPGRAPH_OP_SU_0;
23.             (*it_n)->name_bak = (*it_n)->name;
24.             (*it_n)->name << (*it_n)->opcode;
25.         }
26.     }
27. }
```

### 5.6.2 算子聚合模板匹配总控函数

算子聚合模板匹配总控函数 aggregation_operator 的输入参数有三个：① *opgraph* 为待处理基本算子 DFG 图；② *graph_lib* 为算子聚合模板库；③ *aggregation_orde* 为算子聚合模板库的模板列表。

函数 aggregation_operator 遍历处理 *opgraph* 中的所有结点，结点 *it_n* 的选取条件是此结点有输出结点和输入结点，见代码 4 至 7 行；针对选取的每个结点 *it_n*，依次从算子聚合模板库中取出某模板 *sub_opgraph*，对结点 *it_n* 进行遍历配对匹配处理，见代码 11 至 25 行；第 19 行代码调用算子聚合模板匹配函数 aggregation_graph_matching 实施算子聚合操作；第 28 至 36 行代码将算子聚合获取的聚合方案集合记录到 (\*it_n)−>operator_map 中。

```
1. void aggregation_operator(OpGraph *opgraph, std::map<std::string,
   OpGraph*> &graph_lib, std::vector<std::string> &aggregation_orde
   r)
2. {
3.         int graph_size = opgraph->op_nodes.size();
4.         for(auto it_n = opgraph->op_nodes.begin(); it_n != opgrap
   h->op_nodes.end(); it_n++)
5.         {
6.             if((*it_n)->input.size() > 0 && (*it_n)->output->outpu
   t.size() > 0)
7.             {
8.                 std::string node_name1, node_name2;
```

```
9.                node_name1 << (*it_n)->opcode;
10.               node_name2 << (*it_n)->opcode_bak;
11.               for(auto op_name = aggregation_order.begin(); op_nam
   e != aggregation_order.end(); op_name++)
12.               {
13.                   std::string sub_graph_name = *op_name;
14.                   OpGraph *sub_opgraph = graph_lib[sub_graph_name];
15.                   bool suc_flag;
16.                   for(auto it_pe = (*it_n)->input.begin(); it_pe != (
   *it_n)->input.end(); it_pe++)
17.                   {
18.                       auto it_p = (*it_pe)->input;
19.                       suc_flag = aggregation_graph_matching(opgraph, i
   t_p, *it_n, sub_opgraph, *op_name);    // sub_graph matching
20.                       if(suc_flag)
21.                       {
22.                           ;   //aggregation_graph_matching 已经实质处理.
23.                       }
24.                   }
25.               }
26.
27.               // recording the base operator (one inner node case)
   information into operator_map.
28.               Operator_set set_item;
29.               for(auto it_e = (*it_n)->input.begin(); it_e != (*it
   _n)->input.end(); it_e++)
30.               {
31.                   auto itw = (*it_e)->input;
32.                   set_item.operator_node_set.insert((long *)(itw));
33.                   set_item.second_opcode_map[(long *)itw] = itw->sec
   ond_opcode;
34.               }
35.               for(auto itw = (*it_n)->output->output.begin(); itw
   != (*it_n)->output->output.end(); itw++)
36.               {
37.                   set_item.operator_node_set.insert((long *)(*itw));
38.                   set_item.second_opcode_map[(long *)(*itw)] = (*itw
   )->second_opcode;
39.                   set_item.operator_output_set.insert((long *)(*itw)
   );
```

```
40.         }
41.         set_item.operator_node_set.insert((long *)(*it_n));
42.         set_item.second_opcode_map[(long *)(*it_n)] = (*it_n
    )->second_opcode;
43.         set_item.operator_inner_node_set.insert((long *)(*it
    _n));
44.         std::vector<Operator_set> new_set;
45.         new_set.push_back(set_item);
46.         (*it_n)->operator_map[node_name2] = new_set;
47.     }
48.   }
49. }
```

### 5.6.3 算子聚合模板匹配函数

算子聚合模板匹配函数 aggregation_graph_matching 的输入参数有五个：① *opgraph* 为待处理抽象混合算子 DFG 图；② *base_p* 为当前结点的某个父结点；③ *base_n* 为当前待处理结点；④ *sub_opgraph* 为算子聚合模板图；⑤ *op_name* 为聚合模板图的模板名称。

函数 aggregation_graph_matching 遍历算子聚合模板图 *sub_opgraph* 的输入结点 *it* 与结点 *base_p* 进行配对匹配处理；如果结点 *it* 与结点 *base_p* 匹配成功且结点 *it_p* 与结点 *base_n* 匹配成功，则调用结点匹配函数 node_set_matching 进行更深层次的匹配操作，见代码 16 至 35 行；第 40 行至 253 行代码判断匹配生成的信息是否符合算子聚合的条件要求（具体要求跟具体软件定义芯片算子的特性相关，在此不做详细的阐述，有兴趣的读者可以自行分析理解），条件满足的话将匹配算子聚合方案记录到 *base_n* - >*operator_map* 中。

```
1. bool aggregation_graph_matching(OpGraph *opgraph, OpGraphOp *base
   _p, OpGraphOp *base_n, OpGraph *sub_opgraph, std::string op_name)
2. {
3.     bool suc_flag = false;
4.     int sub_node_num = sub_opgraph->op_nodes.size();
5.     int num = 1;
6.     OpGraphOp *dst[1] = {NULL};
7.     std::string node_name1, node_name2;
```

```
8.         node_name1 << base_n->opcode;
9.         node_name2 << base_n->opcode_bak;
10.
11.        for(auto it = sub_opgraph->op_nodes.begin(); it != sub_opgra
   ph->op_nodes.end(); it++)
12.        {
13.          if((*it)->input.size() == 0)              // start mat
   ch from the margin node.
14.          {
15.            suc_flag = false;
16.            if((*it)->opcode == OPGRAPH_OP_NOP || (((*it)->opcode == b
   ase_p->opcode && (*it)->opcode != OPGRAPH_OP_CONST) || ((*it)->op
   code == base_p->opcode && (*it)->opcode == OPGRAPH_OP_CONST && (*
   it)->const_value == base_p->const_value)))
17.            {
18.              (*it)->exps = "done";
19.              base_p->exps = "done";
20.              base_p->second_opcode = (*it)->second_opcode;
21.              base_p->done_set.insert(base_n);
22.              auto it_p = (*it)->output->output[0];
23.              if(it_p->opcode == base_n->opcode)
24.              {
25.                it_p->exps = "done";
26.                base_n->exps = "done";
27.                base_n->second_opcode = it_p->second_opcode;
28.                num = 2;
29.                node_set_matching(base_p, base_n, it_p, num, sub_node_nu
   m, dst, true);
30.              }
31.            }
32.            if(num == sub_node_num)
33.            {
34.              suc_flag = true;
35.            }
36.
37.            std::vector<OpGraphOp *> node_vect;
38.            if(suc_flag)
39.            {
40.              for(auto it_n1 = opgraph->op_nodes.begin(); it_n1 != opgr
   aph->op_nodes.end(); it_n1++)
```

```
41.         if((*it_n1)->exps == "done")
42.             node_vect.push_back(*it_n1);
43.     // Tag internal nodes
44.     for(auto it_n1 = node_vect.begin(); it_n1 != node_vect.end(); it_n1++)
45.     {
46.         if((*it_n1)->exps == "done")
47.         {
48.           int internal_flag = 0;
49.           for(auto it_pe = (*it_n1)->input.begin(); it_pe != (*it_n1)->input.end(); it_pe++)
50.           {
51.             if((*it_pe) != NULL && ((*it_pe)->input->exps == "done" && (*it_pe)->input->done_set.find(*it_n1) != (*it_pe)->input->done_set.end()))
52.               { internal_flag = 1; break; }
53.           }
54.           if(internal_flag == 1)
55.             (*it_n1)->internal_flag = 1;
56.         }
57.     }
58.     // check if it is real internal node
59.     for(auto it_n1 = node_vect.begin(); it_n1 != node_vect.end(); it_n1++)
60.     {
61.         if((*it_n1)->internal_flag == 1)
62.         {
63.           for(auto it_e = (*it_n1)->input.begin(); it_e != (*it_n1)->input.end(); it_e++)
64.             if((*it_e)->input->exps != "done")
65.               { (*it_n1)->internal_flag = 0; break; }
66.           if((*it_n1)->internal_flag == 1)
67.           {
68.             if((*it_n1)->output->output.size() == 0)
69.               (*it_n1)->internal_flag = 0;
70.             else
71.             {
72.               auto itw = (*it_n1)->output->output.begin();
73.               for(; itw != (*it_n1)->output->output.end(); itw++)
74.                 if((*itw)->exps == "done")
```

```
75.              break;
76.            if(itw == (*it_n1)->output->output.end())
77.              (*it_n1)->internal_flag = 0;
78.          }
79.        }
80.      }
81.    }
82.  }
83.  int inner_node_num = 0;
84.  for(auto it_n1 = node_vect.begin(); it_n1 != node_vect.end(); it_n1++)
85.    if((*it_n1)->internal_flag == 1)
86.      inner_node_num++;
87.
88.  // Restore the check information.
89.  for(auto it = sub_opgraph->op_nodes.begin(); it != sub_opgraph->op_nodes.end(); it++)
90.    (*it)->exps = "";
91.  if(!suc_flag || inner_node_num == 0)
92.  {
93.    for(auto it = opgraph->op_nodes.begin(); it != opgraph->op_nodes.end(); it++)
94.      if((*it)->exps == "done")
95.      {
96.        (*it)->exps = "";
97.        (*it)->internal_flag = 0;
98.        (*it)->done_set.clear();
99.        (*it)->second_opcode = OPGRAPH_OP_NOP;
100.      }
101.  }
102.  else
103.  {
104.    bool agg_flag = true;
105.    std::set<OpGraphOp*> dst_out_node;
106.    for(auto it_n1 = node_vect.begin(); it_n1 != node_vect.end(); it_n1++)
107.      if((*it_n1)->internal_flag == 0 && (*it_n1)->input.size()>0)
108.      {
109.        auto it_e = (*it_n1)->input.begin();
```

```
110.            for(; it_e != (*it_n1)->input.end(); it_e++)
111.              if((*it_e)->input->internal_flag == 1)
112.                break;
113.              if(it_e != (*it_n1)->input.end())
114.              {
115.                auto it_cnode = (*it_n1)->output->output.begin();
116.                for(; it_cnode != (*it_n1)->output->output.end(); it_cnode++)
117.                  if((*it_cnode)->exps == "done")
118.                    break;
119.                if(it_cnode == (*it_n1)->output->output.end())
120.                  dst_out_node.insert(*it_n1);
121.              }
122.          }
123.          for(auto it_n1 = node_vect.begin(); it_n1 != node_vect.end(); it_n1++)
124.          {
125.            if((*it_n1)->internal_flag == 1)
126.            {
127.              // check input
128.              for(auto it_cn = (*it_n1)->output->output.begin(); it_cn != (*it_n1)->output->output.end(); it_cn++)
129.              {
130.                if((*it_cn)->exps != "done")
131.                  { agg_flag = false; break; }
132.              }
133.              if(agg_flag == false)
134.              {
135.                for(auto it_cn = (*it_n1)->output->output.begin(); it_cn != (*it_n1)->output->output.end(); it_cn++)
136.                {
137.                  if(dst_out_node.find(*it_cn) != dst_out_node.end())
138.                  {
139.                    agg_flag = true; break;
140.                  }
141.                }
142.                if(agg_flag == false)
143.                  break;
144.              }
145.
```

```
146.            // check input
147.            if(agg_flag)
148.            {
149.                for(auto it_pe = (*it_n1)->input.begin(); it_pe != (*it_n1)->input.end(); it_pe++)
150.                {
151.                    auto pnode = (*it_pe)->input;
152.                    if(pnode->exps != "done")
153.                    { agg_flag = false; break; }
154.                }
155.                if(agg_flag == false)
156.                    break;
157.            }
158.        }
159.        }
160.        if(agg_flag)// check if it can be aggregated.
161.        {
162.            std::map<OpGraphOp*, int> input_map;
163.            for(auto it_n1 = node_vect.begin(); it_n1 != node_vect.end(); it_n1++)
164.            {
165.                std::set<OpGraphOp*>::iterator iter = std::find(dst_out_node.begin(), dst_out_node.end(), *it_n1);
166.                if((*it_n1)->internal_flag == 0 && iter == dst_out_node.end())
167.                {
168.                    std::map<OpGraphOp*, int>::iterator iter = input_map.find(*it_n1);
169.                    if(iter == input_map.end())
170.                        input_map[*it_n1] = 1;
171.                    else
172.                        input_map[*it_n1] = iter->second + 1;
173.                }
174.            }
175.            if(input_map.size() > sub_opgraph->input_max)
                                                    // the input number must < 4
176.                agg_flag = false;
177.            for(auto it_out = dst_out_node.begin(); it_out != dst_out_node.end(); it_out++)
```

```
178.        {
179.            if((*it_out)->input.size() > 1)
180.            {
181.                int inner_num = 0;
182.                for(auto it_pe = (*it_out)->input.begin(); it_pe != (*it_out)->input.end(); it_pe++)
183.                {
184.                    auto pnode = (*it_pe)->input;
185.                    if(pnode->exps == "done" && pnode->internal_flag == 1)
186.                        inner_num++;
187.                }
188.                if(inner_num > 1)
189.                    agg_flag = false;
190.            }
191.        }
192.
193.        if(agg_flag)// check if it can be aggregated.
194.        {
195.            for(auto itw = input_map.begin(); itw != input_map.end(); itw++)
196.                if(itw->second > sub_opgraph->use_max)
                        // the maximum use of each input must < 3
197.                { agg_flag = false; break; }
198.        if(agg_flag)// check if it can be aggregated.
199.        {
200.            // recording the operator information into operator_map.
201.            std::map<std::string, std::vector<Operator_set>>::iterator iter = base_n->operator_map.find(op_name);
202.            if(iter == base_n->operator_map.end())      // insert a new item.
203.            {
204.                std::vector<Operator_set> new_set;
205.                Operator_set set_item;
206.                for(auto itw = node_vect.begin(); itw != node_vect.end(); itw++)
207.                {
208.                    set_item.operator_node_set.insert((long *)(*itw));
209.                    set_item.second_opcode_map[(long *)(*itw)] = (*itw)->second_opcode;
```

```
210.            if((*itw)->internal_flag == 1)
211.              set_item.operator_inner_node_set.insert((long *)(*itw));
212.          }
213.          for(auto itw = dst_out_node.begin(); itw != dst_out_node.end(); itw++)
214.            set_item.operator_output_set.insert((long *)(*itw));
215.          new_set.push_back(set_item);
216.          base_n->operator_map[op_name] = new_set;
217.        }
218.        else       // check if it has exist in Operator_set.
219.        {
220.          std::set<long*> tmp_node_set;
221.          for(auto itw = node_vect.begin(); itw != node_vect.end(); itw++)
222.            tmp_node_set.insert((long *)(*itw));
223.          auto it_set = iter->second.begin();
224.          for(; it_set != iter->second.end(); it_set++)
225.          {
226.            if((*it_set).operator_node_set == tmp_node_set)
227.              break;
228.          }
229.          if(it_set == iter->second.end())
230.          {
231.            Operator_set set_item;
232.            for(auto itw = node_vect.begin(); itw != node_vect.end(); itw++)
233.            {
234.              set_item.operator_node_set.insert((long *)(*itw));
235.              set_item.second_opcode_map[(long *)(*itw)] = (*itw)->second_opcode;
236.              if((*itw)->internal_flag == 1)
237.                set_item.operator_inner_node_set.insert((long *)(*itw));
238.            }
239.            for(auto itw = dst_out_node.begin(); itw != dst_out_node.end(); itw++)
240.              set_item.operator_output_set.insert((long *)(*itw));
```

```
241.                iter->second.push_back(set_item);
242.              }
243.            }
244.          }
245.        }
246.      }
247.      for(auto itw = node_vect.begin(); itw != node_vect.end(); itw++)
248.      {
249.          (*itw)->exps = "";
250.          (*itw)->internal_flag = 0;
251.          (*itw)->done_set.clear();
252.       }
253.      }
254.     }
255.    }
256.    return suc_flag;
257. }
```

### 5.6.4　LU 抽象算子还原函数

算子聚合模块完成算子聚合操作后，需要将抽象混合算子 DFG 还原为基本算子 DFG 图。LU 抽象算子还原函数 LU_opcode_recovery 的输入参数只有一个：抽象混合算子 DFG 图 *opgraph*。

函数 LU_opcode_recovery 针对 LU 抽象算子和 SU 抽象算子进行操作码复原操作。

```
1. void LU_opcode_recovery(OpGraph * opgraph)
2. {
3.     for(auto it_n = opgraph->op_nodes.begin(); it_n != opgraph->op_nodes.end(); it_n++)
4.     {
5.         if((*it_n)->opcode == OPGRAPH_OP_LU_1 || (*it_n)->opcode == OPGRAPH_OP_LU_2 || (*it_n)->opcode == OPGRAPH_OP_SU_0)
6.         {
7.             (*it_n)->opcode = (*it_n)->opcode_bak;
8.             (*it_n)->name = (*it_n)->name_bak;
9.         }
10.    }
11. }
```

## 5.7 算子选择工程示例

基于 Gorubi 根据 4.3.5 节阐述的算子选择算法实施算子选择功能模块，算法和系统函数对应关系见表 5-6。关于 Gorubi 的具体使用方法本文不做介绍，读者可自行查找相关资料。

表 5-6 算子选择算法与系统函数关系表

| 算法名称 | 函数名称 | 功能说明 |
|---|---|---|
| Operator_select | aggregation_select | 从聚合算子方案中进行最优选择 |

算子选择函数 aggregation_select 的输入参数有两个：① $opgraph$ 为待处理基本算子 DFG 图；② $select\_node\_info$ 保存算子选择的返回结果。

函数 aggregation_select 首先获取 $opgraph$ 的内部结点数 $inner\_node\_num$，见代码 9 至 34 行；第 37 至 41 行代码获取存在聚合方案的结点个数 $V\_num$；代码第 42 至 44 行定义包含 $V\_num$ 个元素的整形数组 $V\_start$ 和 $V\_end$；代码第 45 至 60 行获取 $opgraph$ 结点总数 $N\_num$，同时针对存在聚合方案的结点设置相应方案序列的起始 $V\_start$ 和结束 $V\_end$ 位置的数据，整体使用一个方案序列，从 0 开始编号，$X\_num$ 为方案总个数；代码 70 至 88 行根据 $X\_num$ 和 $N\_num$ 添加决策变量 $X$、$N$、$IN$；第 92 至 103 行代码添加所有结点关于 $X$ 的选择约束，即从结点对应的聚合方案集合中，至多选择一个，可以一个也不选；第 105 至 137 行代码添加结点关于 $X$ 的取或约束关系，即此结点都出现在哪些 $X[i]$ 中；第 138 至 173 行代码添加所有内部结点关于 $X$ 的选择约束和关于 $X$ 的取或约束；第 186 至 190 行代码添加完全覆盖基本算子 DFG 图所有结点的约束；第 192 至 196 行代码添加内部结点仅被覆盖一次的约束；第 198 行代码设置目标函数，优化目标是选取的聚合算子总数达到最小；第 223 至 244 行代码根据算子选择的结果设置 $select\_node\_info$ 的方案数据。

```
1.  void aggregation_select(OpGraph *opgraph, std::map<OpGraphOp*, Op
    erator_set> &select_node_info)
2.  {
3.      int node_num = opgraph->op_nodes.size();
4.      int select_num_max = 1;
```

```
5.        int V_num=0, X_num=0, N_num=0;
6.        int i, j;
7.
8.        // get the inner_node number of opgraph.
9.        int inner_node_num = 0;
10.       for(auto it_n = opgraph->op_nodes.begin(); it_n != opgraph->
   op_nodes.end(); it_n++)
11.       {
12.           int internal_flag = 0;
13.           for(auto it_pe = (*it_n)->input.begin(); it_pe != (*it_n)-
   >input.end(); it_pe++)
14.           {
15.               if((*it_pe) != NULL)
16.               { internal_flag = 1; break; }
17.           }
18.           if(internal_flag == 1)
19.           {
20.               internal_flag = 0;
21.               for(auto it_cn = (*it_n)->output->output.begin(); it_cn !
   = (*it_n)->output->output.end(); it_cn++)
22.               {
23.                   if((*it_cn) != NULL)
24.                   { internal_flag = 1; break; }
25.               }
26.           }
27.           if(internal_flag == 1)
28.               (*it_n)->internal_flag = 1;
29.       }
30.       for(auto it_n = opgraph->op_nodes.begin(); it_n != opgraph->
   op_nodes.end(); it_n++)
31.       {
32.           if((*it_n)->internal_flag == 1)
33.               inner_node_num++;
34.       }
35.
36.       // start operator selecting.
37.       for(auto it_n = opgraph->op_nodes.begin(); it_n != opgraph->
   op_nodes.end(); it_n++)
38.       {
39.           if((*it_n)->operator_map.size() > 0)
```

```
40.        V_num++;
41.      }
42.      int *V_start, *V_end;
43.      V_start = new int [V_num];
44.      V_end = new int [V_num];
45.      V_num = 0;
46.      for(auto it_n = opgraph->op_nodes.begin(); it_n != opgraph->op_nodes.end(); it_n++)
47.      {
48.        N_num++;
49.        if((*it_n)->operator_map.size() > 0)
50.        {
51.          V_start[V_num] = X_num;
52.          for(auto iter = (*it_n)->operator_map.begin(); iter != (*it_n)->operator_map.end(); iter++)
53.          {
54.            for(auto it_set = iter->second.begin(); it_set != iter->second.end(); it_set++)
55.              X_num++;
56.          }
57.          V_end[V_num] = X_num - 1;
58.          V_num++;
59.        }
60.      }
61.
62.      GRBEnv* env = 0;
63.      GRBVar *X, *N, *clause, *IN;
64.      try {
65.        env = new GRBEnv();
66.        GRBModel model = GRBModel(* env);
67.
68.        // Create Variables
69.        std::ostringstream vname;
70.        X = new GRBVar [X_num];
71.        N = new GRBVar [N_num];
72.        IN = new GRBVar [N_num];
73.        GRBVar zero = model.addVar(0.0, 0.0, 0.0, GRB_BINARY, "zero");
74.        for (i = 0; i < X_num; i++)
75.        {
```

```
76.         vname.str("");
77.         vname << "X" << i;
78.         X[i] = model.addVar(0.0, 1.0, 0.0, GRB_BINARY, vname.str
    ());
79.      }
80.      for (i = 0; i < N_num; i++)
81.      {
82.         vname.str("");
83.         vname << "N" << i;
84.         N[i] = model.addVar(0.0, 1.0, 0.0, GRB_BINARY, vname.str
    ());
85.         vname.str("");
86.         vname << "IN" << i;
87.         IN[i] = model.addVar(0.0, 1.0, 0.0, GRB_BINARY, vname.st
    r());
88.      }
89.
90.      // adding constrain.
91.      std::ostringstream cname;
92.      GRBLinExpr lhs = 0;
93.      GRBLinExpr obj_lhs = 0;
94.      for (i = 0; i < V_num; i++)
95.      {                              // v1 = x1 + x2 + x3 < 2
96.         lhs = 0;
97.         for(j = V_start[i]; j <= V_end[i]; j++)
98.            lhs += X[j];
99.         obj_lhs += lhs;    // v1 + v2 + ... + vn
100.        cname.str("");
101.        cname << "C_V" << i;
102.        model.addConstr(lhs <= select_num_max, cname.str());
103.     }
104.
105.     clause = new GRBVar [X_num];
106.     int clause_num, n_num, x_num;
107.     n_num=0;
108.     for(auto it = opgraph->op_nodes.begin(); it != opgraph->op
    _nodes.end(); it++)
109.     {
110.        clause_num = 0;
111.        x_num = 0;
```

```
112.        for(auto it_n = opgraph->op_nodes.begin(); it_n != opgra
    ph->op_nodes.end(); it_n++)
113.        {
114.            if((*it_n)->operator_map.size() > 0)
115.            {
116.                for(auto iter = (*it_n)->operator_map.begin(); iter !=
    (*it_n)->operator_map.end(); iter++)
117.                {
118.                    for(auto it_set = iter->second.begin(); it_set != ite
    r->second.end(); it_set++)
119.                    {
120.                        if((*it_set).operator_node_set.find((long*)*it) != (
    *it_set).operator_node_set.end())
121.                        {
122.                            clause[clause_num] = X[x_num];
123.                            clause_num++;
124.                        }
125.                        x_num++;
126.                    }
127.                }
128.            }
129.        }
130.        if(clause_num > 0)
131.        {
132.            cname.str("");
133.            cname << "C_N" << n_num;
134.            model.addGenConstrOr(N[n_num], clause, clause_num, cnam
    e.str());           // n0 = x1 | x2 | x3 | x6 | x13
135.        }
136.        n_num++;
137.    }
138.    n_num=0;
139.    for(auto it = opgraph->op_nodes.begin(); it != opgraph->o
    p_nodes.end(); it++)
140.    {
141.        clause_num = 0;
142.        x_num = 0;
143.        for(auto it_n = opgraph->op_nodes.begin(); it_n != opgra
    ph->op_nodes.end(); it_n++)
144.        {
```

```
145.        if((*it_n)->operator_map.size() > 0)
146.        {
147.            for(auto iter = (*it_n)->operator_map.begin(); iter != (*it_n)->operator_map.end(); iter++)
148.            {
149.                for(auto it_set = iter->second.begin(); it_set != iter->second.end(); it_set++)
150.                {
151.                    if((*it_set).operator_inner_node_set.find((long*)*it) != (*it_set).operator_inner_node_set.end())
152.                    {
153.                        clause[clause_num] = X[x_num];
154.                        clause_num++;
155.                    }
156.                    x_num++;
157.                }
158.            }
159.        }
160.        }
161.        if(clause_num > 0)
162.        {
163.            cname.str("");
164.            cname << "C_IN_each" << n_num;
165.            lhs = 0;
166.            for(i = 0; i < clause_num; i++)
167.                lhs += clause[i];
168.            model.addConstr(lhs <= select_num_max, cname.str());
                        //  inner_code    x0 + x1 + x2 + x5 + x12 < 2
169.
170.            cname.str("");
171.            cname << "C_IN" << n_num;
172.            model.addGenConstrOr(IN[n_num], clause, clause_num, cname.str());
                                //  in5 = x0 | x1 | x2 | x5 | x12
173.        }
174.        else
175.        {
176.            cname.str("");
177.            cname << "C_IN" << n_num;
178.            clause[0] = zero;
179.            clause[1] = zero;
```

```
180.        clause_num = 2;
181.        model.addGenConstrOr(IN[n_num], clause, clause_num, cna
    me.str());              // in5 = 0
182.        }
183.        n_num++;
184.    }
185.
186.    lhs = 0;
187.    for (i = 0; i < N_num; i++) {
188.        lhs += N[i];
189.    }
190.    model.addConstr(lhs == node_num, "node_all");
                             // n0+n1+...+nn == node_num
191.
192.    lhs = 0;
193.    for (i = 0; i < N_num; i++) {
194.        lhs += IN[i];
195.    }
196.    model.addConstr(lhs == inner_node_num, "inner_node");
                       // in0+in1+...+inn == inner_node_num
197.
198.    model.setObjective(obj_lhs, GRB_MINIMIZE);
                             //  v1 + v2 + ... + vn
199.
200.    // Optimize model
201.    model.optimize();
202.
203.    int status = model.get(GRB_IntAttr_Status);
204.    if (status == GRB_INF_OR_UNBD || status == GRB_INFEASIBLE
    || status == GRB_UNBOUNDED) {
205.        std::cout << "The model cannot be solved " << "because
    it is infeasible or unbounded" << std::endl;
206.    }
207.    if (status != GRB_OPTIMAL) {
208.        std::cout << "Optimization was stopped with status " <<
    status << std::endl;
209.    }
210.    else
211.    {
212.        std::cout << "\nOperator number: " << model.get(GRB_Dou
```

```
       bleAttr_ObjVal) << std::endl;
213.         std::cout << "SOLUTION:" << std::endl;
214.         for (i = 0; i < X_num; i++)
215.         {
216.             if(X[i].get(GRB_DoubleAttr_X) > 0)
217.             {
218.                 std::cout << X[i].get(GRB_StringAttr_VarName) << " " << X[i].get(GRB_DoubleAttr_X) << std::endl;
219.             }
220.         }
221.
222.         // recording the solution.
223.         x_num = 0;
224.         for(auto it_n = opgraph->op_nodes.begin(); it_n != opgraph->op_nodes.end(); it_n++)
225.         {
226.             if((*it_n)->operator_map.size() > 0)
227.             {
228.                 for(auto iter = (*it_n)->operator_map.begin(); iter != (*it_n)->operator_map.end(); iter++)
229.                 {
230.                     for(auto it_set = iter->second.begin(); it_set != iter->second.end(); it_set++)
231.                     {
232.                         if(X[x_num].get(GRB_DoubleAttr_X) > 0)
233.                         {
234.                             Operator_set set_info;
235.                             set_info.operator_node_set = (*it_set).operator_node_set;
236.                             set_info.operator_inner_node_set = (*it_set).operator_inner_node_set;
237.                             set_info.operator_output_set = (*it_set).operator_output_set;
238.                             set_info.T = (*it_set).T;
239.                             select_node_info[*it_n] = set_info;
240.                         }
241.                         x_num++;
242.                     }
243.                 }
244.         }
```

```
245.        }
246.      }
247.    }
248.    catch (GRBException e) {
249.      std::string sss = "Gurobi Error Code: " + std::to_string(
   e.getErrorCode()) + " Message: " + std::string(e.getMessage());
250.      std::cout << sss << std::endl;
251.      std::cout << e.getMessage() << std::endl;
252.    }
253.    catch (...) {
254.      std::cout << " Gurobi Unknown Exception During operator_s
   election " << std::endl;
255.    }
256.    delete[] V_start;
257.    delete[] V_end;
258.    delete[] X;
259.    delete[] N;
260.    delete[] IN;
261.    delete[] clause;
262.    delete env;
263. }
```

## 5.8 算子生成工程示例

根据 4.3.6 节阐述的算子生成算法实施算子生成模块,算法和系统函数对应关系见表 5-7。

表 5-7 算子生成算法与系统函数关系表

| 算法名称 | 函数名称 | 功能说明 |
| --- | --- | --- |
| Operator_recovery | aggregation_adjust | 根据算子选择的结果进行算子恢复 |

算子生成函数 aggregation_adjust 的输入参数有两个:① $opgraph$ 为待处理基本算子 DFG 图;② $select\_node\_info$ 为算子恢复方案。

函数 aggregation_adjust 遍历处理 $select\_node\_info$ 的每一个算子元素 $it\_n$,根据 $it\_n$ 的存储的算子信息进行算子生成处理工作,见第 6 行代码;第

10 行至第 24 行的变量及操作是跟芯片算子相关的(可以不太关注);第 26 至 66 行代码根据 *operator_node_set* 结点集合标记内部结点、输入结点和输出结点,同时对结点进行层次标记处理;第 69 至 125 行代码提取输入结点 *input_map* 集合;第 128 至 345 行代码根据 *input_map*、内部结点、输出结点等信息生成算子运算表达式;第 348 至 384 行代码设置生成算子的操作码;第 388 至 441 行代码设置生成算子的输入数据边和输出数据边;第 444 至 457 行代码删除内部结点及相关的无用边。

函数 aggregation_adjust 的整体流程很清晰,但很多代码是处理与软件定义芯片算子特性相关的细节工作,本文没有做过多阐述,感兴趣的读者可以自行研究函数代码。

```
1.  void aggregation_adjust(OpGraph *opgraph, std::map<OpGraphOp*, Operator_set> &select_node_info)
2.  {
3.  if(select_node_info.size() > 0)
4.    {
5.      // start adjust graph.
6.      for(auto it_n = select_node_info.begin(); it_n != select_node_info.end(); it_n++)
7.      {
8.        // step1: pre_deal opgraph.
9.        std::map<int, std::string> variable_map;
10.       variable_map[0] = "A";   // TODO   do it by user configure.
11.       variable_map[1] = "B";
12.       variable_map[2] = "T";
13.       std::set<OpGraphOp*> input_set;
14.       bool SU_flag = false;
15.       int SU_num = 0;
16.       for(auto it = it_n->second.operator_inner_node_set.begin(); it != it_n->second.operator_inner_node_set.end(); it++)
17.       {
18.         auto cnode = (OpGraphOp*)(*it);
19.         if(cnode->opcode >= OPGRAPH_OP_SU_00 && cnode->opcode <= OPGRAPH_OP_SU_11)
20.         {
21.           SU_flag = true;
22.           SU_num++;
23.         }
```

```
24.    }
25.
26.    int input_index = 0;
27.    for(auto it = it_n->second.operator_node_set.begin(); it != it_n->second.operator_node_set.end(); it++)
28.    {
29.      auto op_it = (OpGraphOp*)(*it);
30.      std::set<long*>::iterator iter_in = it_n->second.operator_inner_node_set.find((*it));
31.      if(iter_in != it_n->second.operator_inner_node_set.end())
32.      {
33.        op_it->internal_flag = 1;           // inner node
34.        op_it->level = -1;
35.      }
36.      else
37.      {
38.        std::set<long*>::iterator iter_out = it_n->second.operator_output_set.find((*it));
39.        if(iter_out == it_n->second.operator_output_set.end())
40.        {
41.          op_it->internal_flag = 0;         // input node
42.          if(SU_flag && op_it == (OpGraphOp*)(it_n->second.T))
43.          {
44.            op_it->level = 2;
45.            input_set.insert(op_it);
46.          }
47.          else
48.          {
49.            op_it->level = input_index;
50.            input_index++;
51.            input_set.insert(op_it);
52.          }
53.        }
54.        else
55.        {
56.          op_it->internal_flag = -1;        // output node
57.          op_it->level = -1;
58.        }
59.      }
60.    }
```

```
61.    if(SU_flag && it_n->second.T != NULL)
62.    {
63.      if(input_index == 0)                    // just one input.
64.        ((OpGraphOp*)(it_n->second.T))->level = 0;
65.      input_index++;
66.    }
67.
68.    // get input node.
69.    std::map<long*, int> input_map;
70.    for(auto it_n1 = it_n->second.operator_node_set.begin(); it_n1
       != it_n->second.operator_node_set.end(); it_n1++)
71.    {
72.      std::set<long*>::iterator iter2 = std::find(it_n->second.oper
       ator_output_set.begin(), it_n->second.operator_output_set.end(),
       *it_n1);
73.      std::set<long*>::iterator iter3 = std::find(it_n->second.oper
       ator_inner_node_set.begin(), it_n->second.operator_inner_node_set
       .end(), *it_n1);
74.      if(iter2 == it_n->second.operator_output_set.end() && iter3 =
       = it_n->second.operator_inner_node_set.end())
75.      {
76.        for(auto child_node = ((OpGraphOp*)(*it_n1))->output->output
       .begin(); child_node != ((OpGraphOp*)(*it_n1))->output->output.en
       d(); child_node++)
77.        {
78.          iter3 = std::find(it_n->second.operator_inner_node_set.begi
         n(), it_n->second.operator_inner_node_set.end(), (long*)(*child_n
         ode));
79.          if(iter3 != it_n->second.operator_inner_node_set.end())
80.          {
81.            std::map<long*, int>::iterator iter4 = input_map.find(*it_
         n1);
82.            if(iter4 == input_map.end())
83.              input_map[*it_n1] = 1;
84.            else
85.            {
86.              input_map[*it_n1] = iter4->second + 1;
87.            }
88.          }
89.        }
```

```
90.     }
91.    }
92.    if(SU_flag)
93.    {
94.     for(auto it = input_map.begin(); it != input_map.end(); it++)
95.     {
96.      auto node = (OpGraphOp *)(it->first);
97.      if(it->second > 1 && ((it_n->second.T != NULL && (node != (O
   pGraphOp *)(it_n->second.T))) || it_n->second.T == NULL))
98.      {
99.       if(node->level > 0)        / inter change the name of A and B.
100.      {
101.       for(auto it_set = input_set.begin(); it_set != input_set.
   end(); it_set++)
102.        if((*it_set)->level == 0)
103.         (*it_set)->level = 1;
104.      }
105.      node->level = 0;
106.     }
107.    }
108.    if(SU_num == 2)          //  LU's output is the common input
    for two su bucket.
109.    {
110.     if(input_map.size() == 1)
111.      input_map[input_map.begin()->first] = 2;
112.     else if(input_map.size() == 2 && it_n->second.T != NULL)
113.     {
114.      for(auto it = input_map.begin(); it != input_map.end(); it
   ++)
115.      {
116.       auto node = it->first;
117.       if(node != it_n->second.T)
118.       {
119.        input_map[node] = 2;
120.        break;
121.       }
122.      }
123.     }
124.    }
125.   }
```

```
126.
127.     // setp2: produce the final compute expression
128.     bool repeat_flag = true;
129.     OpGraphOp *dst = NULL;
130.     int SU_one_input_flag = 0;
131.     while(repeat_flag)
132.     {
133.       repeat_flag = false;
134.       OpGraphOp* input_node[3];
135.       std::string input_name[3];
136.       int input_num, i;
137.       for(auto it = it_n->second.operator_inner_node_set.begin();
    it != it_n->second.operator_inner_node_set.end(); it++)
138.       {
139.         auto op_it = (OpGraphOp*)(*it);
140.         if(op_it->internal_flag == 1)
141.         {
142.           if(SU_one_input_flag > 0 && ((input_map.size() == 1 && input_map.begin()->second > 1) || ((input_map.size() == 2 && it_n->second.T != NULL))))
143.           {
144.             if(op_it->opcode >= OPGRAPH_OP_SU_00 && op_it->opcode <= OPGRAPH_OP_SU_11)
145.               for(auto it = input_map.begin(); it != input_map.end(); it++)
146.               {
147.                 auto node = it->first;
148.                 if(node != it_n->second.T)
149.                 {
150.                   ((OpGraphOp*)(node))->level = 1;
151.                   SU_one_input_flag++;
152.                   break;
153.                 }
154.               }
155.             else
156.               for(auto it = input_map.begin(); it != input_map.end(); it++)
157.               {
158.                 auto node = it->first;
159.                 if(node != it_n->second.T)
```

```
160.        {
161.            ((OpGraphOp*)(node))->level = 0;
162.            break;
163.        }
164.    }
165.    }
166.
167.    input_num = 0;
168.    // set_operand
169.    for(auto it_e = op_it->input.begin(); it_e != op_it->input.end(); it_e++)
170.    {
171.        int w_index;
172.        std::vector<OpGraphOp*>::iterator w_it = (*it_e)->output.begin();
173.        for(; w_it != (*it_e)->output.end(); w_it++)
174.          if((*w_it) == op_it) break;
175.        w_index = (*it_e)->output_operand[w_it - (*it_e)->output.begin()];
176.        input_node[w_index] = (*it_e)->input;
177.        input_num++;
178.    }
179.    bool do_flag = true;
180.    bool order_flag = true;
181.    for(i=0; i < input_num; i++)
182.    {
183.        if(input_node[i]->internal_flag == 1)
184.        {
185.          do_flag = false;
186.          break;
187.        }
188.    }
189.    if(do_flag)
190.    {
191.        if(!SU_flag)
192.        {
193.            if(input_num == 2 && op_it->opcode >= OPGRAPH_OP_CU_g && op_it->opcode <= OPGRAPH_OP_CU_e)
194.            {
195.                if(input_node[0]->level == 1 && input_node[1]->level == 0)
```

```
196.        {
197.            input_node[0]->level = 0;
198.            input_node[1]->level = 1;
199.        }
200.    }
201.    else if(input_num == 3 && op_it->opcode >= OPGRAPH_OP_CU
    _select)
202.    {
203.        op_it->input[0]->input->level = 2;
204.        op_it->input[1]->input->level = 0;
205.        op_it->input[2]->input->level = 1;
206.    }
207.    }
208.    for(i=0; i < input_num; i++)
209.    {
210.        if(input_node[i]->level > -1)
211.            input_name[i] = variable_map[input_node[i]->level];
212.        else
213.        {
214.            input_name[i] = input_node[i]->name;
215.            if(SU_num == 2 && SU_one_input_flag == 2 && op_it->opco
    de >= OPGRAPH_OP_SU_00 && op_it->opcode <= OPGRAPH_OP_SU_11)
216.            {
217.                for(auto it = input_map.begin(); it != input_map.end()
    ; it++)
218.                {
219.                    auto node = it->first;
220.                    if(node != it_n->second.T)
221.                    {
222.                        std::string c_name = variable_map[((OpGraphOp*)node)
    ->level];
223.                        std::string::size_type pos = input_name[i].find(vari
    able_map[0]);
224.                        if(pos != std::string::npos)
225.                            input_name[i].replace(pos, 1, c_name);
226.                        break;
227.                    }
228.                }
229.            }
230.        }
```

```
231.        }
232.        std::string operator_name[2];
233.        int operator_num = 0;
234.        get_operator_by_opcode(op_it->opcode, operator_name, operator_num);              // need adding adjust.
235.        if(input_num == 1)
236.        {
237.            if(input_node[0]->level > -1)
238.            {
239.                if(op_it->opcode >= OPGRAPH_OP_SU_00 && op_it->opcode <= OPGRAPH_OP_SU_11)
240.                {
241.                    std::string::size_type pos = op_it->name.find(operator_name[0]);
242.                    if(pos != std::string::npos)
243.                    {
244.                        std::string const_val = op_it->name.substr(pos);
245.                        op_it->name = input_name[0] + const_val;
246.                    }
247.                }
248.            else
249.                op_it->name = operator_name[0] + input_name[0];
250.            }
251.            else
252.            {
253.                if(op_it->opcode >= OPGRAPH_OP_SU_00 && op_it->opcode <= OPGRAPH_OP_SU_11)
254.                {
255.                    std::string::size_type pos = op_it->name.find(operator_name[0]);
256.                    if(pos != std::string::npos)
257.                    {
258.                        std::string const_val = op_it->name.substr(pos);
259.                        op_it->name = "(" + input_name[0] + ")" + const_val;
260.                    }
261.                }
262.                else
263.                    op_it->name = operator_name[0] + "(" + input_name[0] + ")";
264.        }
```

```
265.        }
266.        else if(input_num == 2)
267.        {
268.            if(operator_num == 1)
269.            {
270.                bool adjust_flag = false;
271.                if(SU_flag && op_it->opcode == OPGRAPH_OP_LU_010)
272.                {
273.                    OpGraphOp *first = op_it->input[0]->input;
274.                    OpGraphOp *second = op_it->input[1]->input;
275.                    if(first->opcode >= OPGRAPH_OP_SU_00 && first->opcode <= OPGRAPH_OP_SU_11 && second->opcode >= OPGRAPH_OP_SU_00 && second->opcode <= OPGRAPH_OP_SU_11)
276.                    {
277.                        std::string::size_type pos = second->name.find(variable_map[0]);
278.                        if(pos != std::string::npos)
279.                            adjust_flag = true;
280.                    }
281.                }
282.                if(!adjust_flag)
283.                {
284.                    if(input_node[0]->level > -1)
285.                        op_it->name = input_name[0] + operator_name[0];
286.                    else
287.                        op_it->name = "(" + input_name[0] + ")" + operator_name[0];
288.                    if(input_node[1]->level > -1)
289.                        op_it->name += input_name[1];
290.                    else
291.                        op_it->name += "(" + input_name[1] + ")";
292.                }
293.                else
294.                {
295.                    if(input_node[1]->level > -1)
296.                        op_it->name = input_name[1] + operator_name[0];
297.                    else
298.                        op_it->name = "(" + input_name[1] + ")" + operator_name[0];
299.                    if(input_node[0]->level > -1)
```

```
300.            op_it->name += input_name[0];
301.         else
302.            op_it->name += "(" + input_name[0] + ")";
303.      }
304.    }
305.    else if(operator_num == 2)
306.    {
307.
308.       if(input_node[0]->level > -1)
309.          op_it->name = operator_name[0] + input_name[0] + operator_name[1];
310.       else
311.          op_it->name = operator_name[0] + "(" + input_name[0] + ")" + operator_name[1];
312.       if(input_node[1]->level > -1)
313.          op_it->name += input_name[1];
314.       else
315.          op_it->name += "(" + input_name[1] + ")";
316.    }
317.  }
318.  else if(input_num == 3)
319.  {
320.     if(input_node[0]->level > -1)
321.        op_it->name = input_name[0] + operator_name[0];
322.     else
323.        op_it->name = "(" + input_name[0] + ")" + operator_name[0];
324.     if(input_node[1]->level > -1)
325.        op_it->name += input_name[1] + operator_name[1];
326.     else
327.        op_it->name += "(" + input_name[1] + ")" + operator_name[1];
328.     if(input_node[2]->level > -1)
329.        op_it->name += input_name[2];
330.     else
331.        op_it->name += "(" + input_name[2] + ")";
332.  }
333.  else
334.     op_it->name = "error";
335.
```

```
336.        dst = op_it;
337.        op_it->internal_flag = 0;
338.
339.        if(SU_one_input_flag == 0 && SU_flag && ((input_map.size(
    ) == 1 && input_map.begin()->second > 1) || ((input_map.size() ==
     2 && it_n->second.T != NULL))) && (op_it->opcode >= OPGRAPH_OP_S
    U_00 && op_it->opcode <= OPGRAPH_OP_SU_11))
340.        SU_one_input_flag = 1;
341.        repeat_flag = true;
342.      }
343.     }
344.    }
345.   }
346.
347.   // step3: adjust the opcode of dst.
348.   OpGraphOpCode adjust_opcode;
349.   int adjust_num=0;
350.   OpGraphOp *adjust_base_node;
351.   for(auto it = it_n->second.operator_inner_node_set.begin(); i
    t != it_n->second.operator_inner_node_set.end(); it++)
352.   {
353.    if(((OpGraphOp*)(*it))->opcode == OPGRAPH_OP_AU_0)
354.    {
355.     adjust_opcode = OPGRAPH_OP_AU_0;
356.     adjust_base_node = (OpGraphOp*)(*it);
357.     adjust_num++;
358.    }
359.    else if(((OpGraphOp*)(*it))->opcode >= OPGRAPH_OP_SU_00 && (
    (OpGraphOp*)(*it))->opcode <= OPGRAPH_OP_SU_11)
360.    {
361.     adjust_opcode = OPGRAPH_OP_SU_0;
362.     adjust_base_node = (OpGraphOp*)(*it);
363.     adjust_num++;
364.    }
365.   }
366.   if(it_n->second.operator_inner_node_set.size() > 1)
367.   {
368.    if(adjust_opcode == OPGRAPH_OP_AU_0)
369.     dst->opcode = OPGRAPH_OP_AU_1;
370.    else if(adjust_opcode == OPGRAPH_OP_SU_0)
```

```
371.    {
372.      if(adjust_num == 1)
373.        dst->opcode = OPGRAPH_OP_SU_0;
374.      else if(adjust_num == 2)         // here need to adjust for SU_1 and SU_2.
375.      {
376.        dst->opcode = OPGRAPH_OP_SU_1;
377.      }
378.    }
379.  }
380.  else if(it_n->second.operator_inner_node_set.size() == 1)
381.  {
382.    if(adjust_opcode == OPGRAPH_OP_SU_0 && adjust_num == 1)
383.      dst->opcode = OPGRAPH_OP_SU_0;
384.  }
385.
386.  // setp4: real adjust the graph for this operator.
387.  // For this operator, it only has one output node dst.
388.  dst->input.clear();
389.  for(int j = 0; j <= input_index; j++)
390.  {
391.    for(auto it = it_n->second.operator_node_set.begin(); it != it_n->second.operator_node_set.end(); it++)
392.    {
393.      auto op_it = (OpGraphOp*)(*it);
394.      if(op_it->level == j)
395.      {
396.        auto op_e = op_it->output;
397.        repeat_flag = true;
398.        while(repeat_flag)
399.        {
400.          repeat_flag = false;
401.          for(auto it_in = op_e->output.begin(); it_in != op_e->output.end(); it_in++)
402.          {
403.            if(it_n->second.operator_inner_node_set.find((long*)(*it_in)) != it_n->second.operator_inner_node_set.end())
404.            {
405.              auto inner_it = std::find(op_e->output.begin(), op_e->output.end(), *it_in);
```

```cpp
406.            if(inner_it != op_e->output.end())
407.            {
408.                auto current_node = *it_in;
409.                auto index = inner_it - op_e->output.begin();
410.                op_e->output_operand.erase(op_e->output_operand.begin() + index);
411.                op_e->output.erase(inner_it);
412.                auto inner_e = std::find(current_node->input.begin(), current_node->input.end(), op_e);
413.                if(current_node != dst)
414.                  current_node->input.erase(inner_e);
415.                repeat_flag = true;
416.                break;
417.            }
418.          }
419.         }
420.        }
421.     dst->input.push_back(op_e);
422.     op_e->output.push_back(dst);
423.     op_e->output_operand.push_back(j);
424.    }
425.   }
426.  }
427.  if(SU_one_input_flag == 2)        // added the second input edge for only one input.
428.  {
429.    for(auto it = dst->input.begin(); it != dst->input.end(); it++)
430.    {
431.     auto node = (*it)->input;
432.     if((long*)node != it_n->second.T)
433.     {
434.       auto op_e = *it;
435.      dst->input.push_back(op_e);
436.      op_e->output.push_back(dst);
437.      op_e->output_operand.push_back(1);
438.       break;
439.     }
440.    }
441.  }
```

```
442.
443.    // delete inner node and it's edges.
444.    repeat_flag = true;
445.    while(repeat_flag)
446.    {
447.      repeat_flag = false;
448.      for(auto it = it_n->second.operator_inner_node_set.begin();
          it != it_n->second.operator_inner_node_set.end(); it++)
449.      {
450.        auto op_it = (OpGraphOp*)(*it);
451.        if(op_it != dst && op_it->output != NULL)
452.        {
453.          delete_node_edge(opgraph, op_it);
454.          repeat_flag = true;
455.        }
456.      }
457.    }
458.  }
459. }
460.}
```

# 参 考 文 献

[ 1 ] DOT Language. (2024-04-06). https：//graphviz.gitlab.io/doc/info/lang.html.

# 第6章
# 结语与展望

## 6.1 结语

本书开篇系统介绍了软件定义芯片的概念及基本原理,接着依据三大评价指标效率、灵活性和易用性给出软硬件设计中需要研究的关键问题。本书聚焦于如何增强软件定义芯片的编程效率、计算效率和易用性,探索一条就现阶段而言可行的解决之路。基于指令选择技术、图匹配技术、最优化原理方法和软件逆向思维提出面向软件定义芯片通用的算子恢复技术,将细粒度的通用操作集合恢复成粗粒度的芯片算子操作,为增强软件定义芯片的易用性和计算效率提供一套可行方案。面对软件和硬件在细节抽象上存在的巨大差异,通用算子恢复技术为高级语言程序和芯片硬件架起了一座高效沟通的桥梁。第五章基于通用算子恢复技术及配套算法提供了算子恢复系统的工程实现核心代码,并附带对代码进行了分析介绍,期望对读者能提供有益的帮助。

使用本书介绍的通用算子恢复技术可以处理软件定义芯片支持的绝大部分算子,包括块际指令和循环控制操作,满足增强软件定义芯片易用性和计算效率的初始诉求。目前发现针对某些特殊芯片算子暂时不能满足高效性的需求,例如缩减与、缩减或、缩减异或算子操作,因缩减操作与上下文环境中的其他算子操作会相互影响导致生成的 DFG 图呈现出多样性,此问题的解决需基于图匹配技术研制具有智能特性的新型通用算子恢复技术。

## 6.2 展望

本书第一章简要讨论了将软件定义芯片推向主流的三个主要挑战,本节也关注这三个挑战但不局限于这三个挑战,将讨论软件定义芯片的发展现状并对其未来的发展趋势进行展望。首先,针对灵活性的问题,软件定义芯片还未有一个被认可的解决方案,但由于FPGA可以看成一种细粒度可重构的软件定义芯片,其针对灵活性的比较成熟的解决方法和研究思路值得借鉴。可以认为,软件定义芯片的灵活性未来会依靠应用驱动的软硬件一体化设计来实现。其次,针对高效性的问题,在软件定义芯片的各个层次上开发和利用推测并行,是计算模型的前沿趋势;另外,与新兴的存储工艺如三维堆叠的DRAM相结合,也是一个热点研究方向。最后,针对易用性的问题,软件定义芯片的虚拟化是一个有待开发的研究领域,可以将本书介绍的通用算子恢复技术应用于虚拟化流程的某一环节中。另外,利用软件定义芯片可重构的特性,硬件能够对执行的任务进行动态优化,自主在线训练。这不仅对提升软件定义芯片的易用性十分有帮助,而且对其高效性和灵活性的设计也大有裨益。

本书主要关注软件定义芯片的易用性提高问题,关于其灵活性和高效性问题的解决将不做过多论述。接下来,仅对提高易用性的方向进行探讨。

如今的软件定义芯片多依赖于静态编译,但一个能够在运行时优化数据流的动态可编译架构对于如今主流的应用来说可能更有效率。因此,软件定义芯片的一个发展趋势是结合硬件动态优化的相关研究,探索运行时在线硬件优化的可能。有两个技术可能对软件透明的硬件动态优化有帮助:一是对软件定义芯片的虚拟化;二是利用机器学习进行硬件在线训练和动态优化。

### 6.2.1 软件定义芯片的虚拟化

虚拟化不仅能保障软件定义芯片的易用性,也是一种实现软件透明的硬件动态优化的方式。需要操作系统或者更底层的运行时系统来对硬件资源进行动态调度和利用,才能运行软件定义芯片虚拟化后形成的虚拟线程或者进程。这个过程是对软件或者应用不可见的,可以针对不同虚拟进程的特性进行不同的硬件设置和资源分配。这是一种动态的优化过程。

软件定义芯片的虚拟化探索目前还处于起步阶段,但考虑到其与FPGA的相似性,应当借鉴FPGA虚拟化设计的关键技术。第一个关键技术是标准化,即使用标准化的硬件接口、软件调用接口以及协议等。在软件定义芯片中实现标准化并不困难,但需要工业界和学术界的共同推动。第二个是覆盖(overlay),例如软件定义芯片就是FPGA的一种覆盖[1],[2],覆盖抽象了底层细节,提供了无须硬件编程就能使用硬件的能力,是敏捷开发的必要条件。虽然软件定义芯片的覆盖尚未被广泛讨论,但文献[3]中对软件定义芯片的分类可以作为探索覆盖的指南。第三是虚拟化进程技术,根据动态调度和优化的策略,一些运算单元和存储资源会被分配给一个虚拟化进程,同时需要考虑软硬件接口、协议等。

一般而言,FPGA 和软件定义芯片既可以作为加速器,也可以作为一个独立的协处理器,当然更多时候是作为领域加速器而进行设计和使用的。这两种不同的模式对硬件进程及其设计的要求显然也不一样。尽管如此,软件定义芯片由于可以对其粗粒度的硬件资源进行动态调度,设计和执行硬件进程相对 FPGA 来说较为容易。但同样,用于不同领域功能的软件定义芯片所需要的虚拟化方法和动态优化策略都会有所区别。

对于硬件动态优化,虚拟化技术中对资源的调度是最为重要的,特别是考虑到由于软件定义芯片拥有二维空间计算架构以及显式的数据通信,其调度难度会非常高。软件定义芯片并没有一个预定义的架构模板,它的重配置可以是 PE 阵列层次的,如 ADRES[4];可以是 PE 行层次的,如 PipeRench[5];也可以是单个 PE 层次的,如 TIA[6]。这些不同的模式也就对应着不同的硬件资源,运行时系统对这些硬件资源进行调度和利用并不是一件简单的事情。在上层软件相同的情况下,如果能有效对硬件资源进行调度以匹配不同虚拟化进程的要求,其性能就会有很大的提升,这正是硬件动态优化的意义所在。

### 6.2.2 利用机器学习进行在线训练

在计算架构领域,对机器学习进行加速的硬件层出不穷。同时,近几年来人们也开始探索机器学习对硬件设计和系统性能的优化能否有所帮助。与传统方法相比,在使用机器学习方法处理一些问题时,会获得非常大的性能提升。

总体说来,以机器学习针对的问题进行分类,机器学习可以分为监督学习、无监督学习和强化学习这三种。监督学习的输入是大量经过标记的数据,适合解决搜索空间很大时的最优化、复杂的函数关系拟合、分类等问题,例如卷积神经网络(Convolutional Neural Network,CNN)在图像识别和计算机视觉领域有广泛应用,而递归神经网络(Recursive Neural Network,RNN)在语音识别研究中更为常见。无监督学习的输入是没有标记的数据,主要用于解决可标记数据较少的困境。强化学习不要求预先给定任何数据,而是通过接收环境对动作的反馈获得学习信息并更新模型参数,适合解决针对特定目标的复杂系统最优化问题。

在计算架构中，不管是监督学习还是强化学习，都存在诸多可以一展身手的空间。如计算系统的性能建模和仿真。因为计算系统中各个部分会相互影响，使用传统方法预测系统性能往往十分困难且不准确，而这正是监督学习比较适用的领域。同样，对于计算架构的设计空间探索，由于设计空间很大，人工探索工程量巨大，使用监督学习可以为硬件设计提供指导，指明一些有效的优化方向以节省人力成本。以上例子都是考虑硬件设计的实际问题，而在系统运行时机器学习也有许多可以应用的地方。在软件定义芯片中，能耗优化、互连的性能优化、配置的调度和预测执行，乃至存储控制器，都可以借助机器学习实现动态的硬件自适应。

动态电压频率调整（Dynamic Voltage and Frequency Scaling，DVFS）可以根据系统中各硬件资源的负载率来动态调整所需要的功耗，是强化学习可以在其中发挥作用的范畴。将电压频率的调整作为强化学习中的动作，而最终优化目标设为系统能耗，强化学习可以大幅度降低系统能耗[7,8]。

软件定义芯片中，PE 之间有大量的互连，在 PE 数量较多且允许数据转发的情况下，就会形成一个片上网络。机器学习在计算机网络中有许多应用，如进行负载均衡（Load Balancing）、流量工程（Traffic Engineering）等。同样在片上网络中，利用机器学习也能够更好地进行网络数据流的控制，对每个节点产生的网络数据进行动态限流，以达到网络利用率最高的目的。不仅如此，片上网络的纠错系统也可以利用机器学习进行改进，相较循环冗余校验（Cyclic Redundancy Check，CRC），在能效、延迟和可靠性方面都会有大幅度的提升[9,10]。

大部分软件定义芯片是作为应用领域加速器而被设计和使用的，因此它往往是异构系统的一个组成部分。在异构系统中，主控如果需要动态分配资源并将任务调度到加速器上执行，利用机器学习可以将任务分配的长期影响考虑进去，在线训练机器学习模型从而动态实现任务调度的最优化。另外，软件定义芯片的 PE 阵列包含许多 PE，如果采用 MCMD（Multiple Configuration Multiple Data）的计算模型，那么在每个时刻都需要进行决策，需要考虑如何在阵列上分配 PE，以及执行哪些配置对系统总体性能的提升更大。这些决策也可以通过强化学习进行优化。

机器学习在硬件设计当中最为经典的应用就是分支预测器（Branch Predictor）。利用感知器（Perceptron）或者 CNN 收集历史决策进行训练，然后进行分支预测的新型分支预测器,其千条指令错误预测数(Missed Predictions Per Kilo Instructions,MPKI)比传统精度最高的二级分支预测器要低 3%～5%[11]。机器学习方法在分支预测的精度上远远超过了传统方法所能达到的最好结果。软件定义芯片同样需要使用分支预测器来支持推测并行的开发。前面已经提到,预测并行是软件定义芯片的重要研究方向,而减少预测损失和预测错误率则是使得预测并行更为有效的不二途径。

机器学习同样可能在软件定义芯片的存储控制器上做出一些改进,以提升访存和整体系统的性能。强化学习可以将存储控制器各个关键因素如延迟、并发等都考虑进去,然后将存储控制器的命令作为强化学习的动作,就可以针对性地优化存储控制器的能耗或者系统性能。软件定义芯片需要一个高效的存储系统,而近存计算是一个有前景的研究方向。软件定义芯片有许多不同的 PE,多个软件定义芯片可以共同组成计算系统;至于如何将工作负载根据近存计算的原则分配到不同的计算位置上去,也可以利用机器学习进行决策和优化。

虽然软件定义芯片的许多方面都可以利用机器学习进行硬件动态优化,但是在线机器学习训练并不是没有代价的。一个高性能的机器学习模型必然会需要大量计算资源,若要在软件定义芯片中实现动态优化,则需要对动态优化的性能与实现动态优化所需要的额外硬件面积、功耗进行平衡考虑。

正如前文所述,软件定义芯片的编程模型有许多尚待解决的问题,而凭借硬件自适应的能力,可以在软件不做改变的情况下获取更高的硬件性能。这也是软件定义芯片的一个重要的发展方向。

## 参 考 文 献

[1] Jain A K, Maskell D L, Fahmy S A. Are coarse-grained overlays ready for general purpose application acceleration on FPGAs? The 14th International Conference on Dependable, Autonomic and Secure Computing, The 14th International Conference on Pervasive Intelligence and Computing, The 2nd International Conference on Big Data Intelligence and Computing and Cyber Science and Technology Congress, 2016: 586-593.

[2] Liu C, Ng H, So H K. QuickDough: A rapid FPGA loop accelerator design framework using soft CGRA overlay. International Conference on Field Programmable Technology, 2015: 56-63.

[ 3 ] Liu L, Zhu J, Li Z, et al. A survey of coarse-grained reconfigurable architecture and design: Taxonomy, challenges, and applications. ACM Computing Surveys, 2019, 52(6): 1-39.

[ 4 ] Mei B, Vernalde S, Verkest D, et al. ADRES: An architecture with tightly coupled VLIW processor and coarse-grained reconfigurable matrix. International Conference on Field Programmable Logic and Applications, 2003: 61-70.

[ 5 ] Goldstein S C, Schmit H, Budiu M, et al. PipeRench: A reconfigurable architecture and compiler. Computer, 2000, 33(4): 70-77.

[ 6 ] Parashar A, Pellauer M, Adler M, et al. Efficient spatial processing element control via triggered instructions. IEEE Micro, 2014, 34(3): 120-137.

[ 7 ] Khawam S, Nousias I, Milward M, et al. The reconfigurable instruction cell array. IEEE Transactions on Very Large Scale Integration (VLSI) Systems, 2007, 16(1): 75-85.

[ 8 ] Venkatesh G, Sampson J, Goulding N, et al. Conservation cores: Reducing the energy of mature computations. ACM Sigplan Notices, 2010, 45(3): 205-218.

[ 9 ] Waingold E, Taylor M, Srikrishna D, et al. Baring it all to software: Raw machines. Computer, 1997, 30(9): 86-93.

[10] Swanson S, Michelson K, Schwerin A, et al. Wave Scalar. Proceedings of the 36th Annual IEEE/ACM International Symposium on Microarchitecture, 2003: 291-302.

[11] Bondalapati K, Prasanna V K. Reconfigurable computing systems. Proceedings of the IEEE, 2002, 90(7): 1201-1217.

# 索 引

## B

编译器　1—3,6,7,10,11,14—25,28—35,41,50—53,55,62,64,65,69,81,83,97,98,106,113

## C

粗粒度可重构阵列 CGRA　3,5,6,14,25

## D

登纳德定律　1,2
动态规划　35,69—71,81,128

## F

覆盖　33,36—38,40,41,43—47,49,51—53,62—65,69,70,72—76,80—82,116,127,128,131,216,240,241

## G

高效性　7,239,240
功耗墙　2

## H

宏扩展　40,41,50,52,53
混凝土预制件　113,114

## K

可重构处理器　1,3,5,75

## L

灵活性　4,6—10,19,84,97,239,240

领域定制计算架构　1

## M

模式集　41—43,45,50,52,53,67,84
模式匹配　41,42,45—49,52—56,64—69,71—73,75,81
模式选择　35,41—43,46,49—51,56,59,60,63,68—70,72—76,79,81,102,128
摩尔定律　1,2

## P

匹配　17,36,37,39—42,44,45,47—57,60,63—70,72—76,78,80—82,84,100,108—110,112—127,132—134,138,140,147,190—194,197—200,203—205,207,241

## R

软件定义芯片　1,3,4,6—11,13,39,40,97—100,106,108,113,114,131,132,135,136,207,225,239—243
软件复用　97,98
软件逆向　98,239
软件预制件　114

## S

树全覆盖　40—42,45,63,64,72,77,98
算子恢复　11,14,40,97—100,106,108,113—117,120,121,125,127,131—136,190—192,199,200,224,239,240

算子基本模板库 99,100,106,108,114—117,125,132,133,135,136,140,148,190

算子聚合 99,100,114,116,117,126—128,130,132—136,140,148,149,151,155,159,179,180,183,193,203—205,207,215

算子聚合模板库 99,100,106,108,114,116,126,132,135,136,148,149,203,205

算子生成 99,100,131—136,224

算子选择 99,100,127,128,130—132,134—136,216,224

## T

图匹配 36,39,40,42,98—100,106,108,113—118,120,121,123,125,126,132,135,136,147,190,203,239

图全覆盖 36,40,46,98

图同构 36,40,46—49

## X

现场可编程逻辑门阵列 FPGA 3—7,9,10,12—14,240,241,243

## Y

易用性 7,9,11,97—99,239,240

约束规划 82,83

## Z

整数规划 79,81,83,128,129,134,135

整数线性规划 79,128,129

指令选择 24,28,29,31,32,34—36,40—42,45—47,49—53,55,58—61,63—66,69,72,75—77,79—81,83—85,97,98,239

子图 36,40,45—47,50,117,120,141

最优化原理方法 127,239

最优指令选择 32,34,35,42,43,45,69,84

DAG 全覆盖 40,42—46,75,98

DFG 图 25,27,38—40,100,106,107,114,115,117,118,120,121,125—128,130—132,134,136—140,190,191,204,205,207,215,216,224,239

LLVM 14,15,17—24,27,31,33,50,77,87